Japanese Consortium for General Medicine Teachers

vol. 17

ジェネラリスト×気候変動

臨床医は地球規模のSustainabilityにどう貢献するのか？

編集｜梶　有貴
長崎　一哉

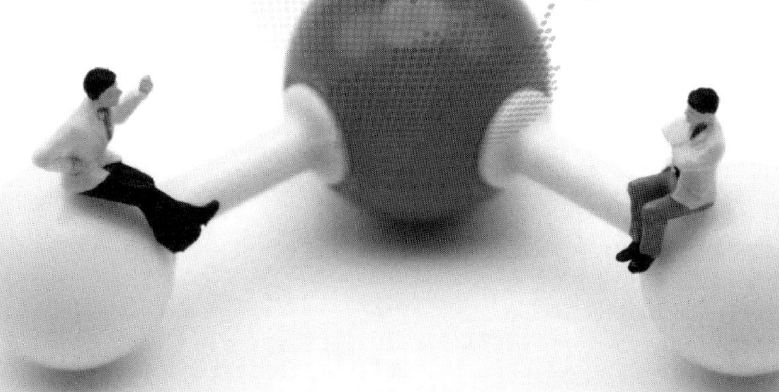

カーボンニュートラル社会への転換とヘルスケアサービス

目次

Editorial

1. ジェネラリスト×気候変動

2. 依頼論文

3.Opinions

4.CGM Forum
Generalist Report

Journal Club

Contents

ジェネラリスト教育コンソーシアム

Japanese Consortium for General Medicine Teachers

設立趣意書

私たちは，本研究会を，ジェネラリストを目指す人たちを育てるTeachersの会として設立しました．

2010年に日本プライマリ・ケア連合学会が設立され，ジェネラリストの養成が焦眉の急となっております．すでに家庭医療専門医および病院総合医の認定医・専門医制度は日本プライマリ・ケア連合学会で動き出しております．また旧日本総合診療医学会はその学会誌「総合診療医学」誌上で二度にわたり病院総合医の特集号を刊行しています．私たちは，これらの成果の上に立ち，ジェネラリストが押さえておくべきミニマム・エッセンシャルを議論するとともに，日々の実践に有用な診療指針を学ぶ場を，この研究会で提供しようと思います．

繰り返し問われてきた分化と統合の課題への新たな挑戦として，わが国のジェネラルな診療への鋭い問題提起となり，医学・医療の発展の里程標として結実することが，この研究会の使命だと私たちは考えています．

本研究会の要点は，下記のとおりです．

目的：

「新・総合診療医学―家庭医療学編」および「病院総合診療医学編」（2巻本として株式会社カイ書林より2012年4月刊行）の発刊を契機に，これからの家庭医・病院総合医の学びの場として，本研究会を設立する．

活動内容：

本研究会は，Case based learning + Lectureを柱とする症例検討会およびプラクティカルな教育実践報告の場である．

研究会のプロダクツ：

提言，症例と教育レクチャー，依頼論文および教育実践報告（公募）を集積し吟味・編集したうえで，「ジェネラリスト教育コンソーシアム」として継続して出版する．

事務局：

本研究会の事務局を，株式会社尾島医学教育研究所に置く．

2011年8月

「ジェネラリスト教育コンソーシアム」 設立発起人

藤沼康樹（医療福祉生協連家庭医療学開発センター;CFMD)

徳田安春（地域医療機能推進機構（JCHO) 本部顧問）

横林賢一（広島大学病院　総合内科・総合診療科）

前書き

ジェネラリスト教育コンソーシアムは2011年，奇しくも東日本大震災の年に第1回を開催し，翌2012年にその記録をムック版Vol.1「提言—日本の高齢者医療—臨床高齢者医学よ 興れ」と題して刊行しました．その後の10年の経緯は，下記「ジェネラリスト教育コンソーシアム10年の歩み」をご覧ください．このジェネラリスト教育コンソーシアムVol.17「ジェネラリスト×気候変動」は，2022年3月26日に行われた「ジェネラリスト×気候変動 —臨床医は地球規模のSustainability に どう貢献するのか？」の記録を編集しました．本書が気候変動に関する議論の資料として，幾ばくかの寄与となればこれに勝る喜びはありません．

2022年7月　ジェネラリスト教育コンソーシアム　事務局　㈱カイ書林

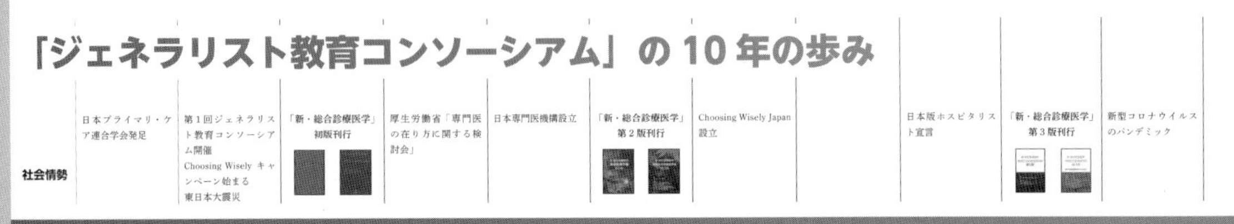

Editorial

ジェネラリスト×気候変動
臨床医は地球規模の Sustainability にどう貢献するのか？

世話人：梶　有貴 先生（国際医療福祉大学総合診療科）
長崎一哉 先生（水戸協同病院総合診療科）

10 年周年を迎えるジェネラリスト教育コンソーシアムの今回のテーマは「気候変動」です。スペシャルゲストに「医療による CO_2 排出量は日本全体の排出量の 4.6%」というあの話題の論文の執筆者である、国立環境研究所・国際資源持続性研究室室長の南齋規介先生をお招きして、気候変動に対して臨床医の私たちができることを徹底的に議論していきます。

「カーボンフットプリント」、「プラネタリーヘルス」、「プラネタリーバウンダリー」と聞いてピンときた方も、何それ？という方も、一緒に今後の地球規模の Sustainability について考えてみませんか？私たちの行動一つで、地球の未来は変わるかもしれない！

当日の主な内容：

Lecture　1　ヘルスケアシステムの環境負荷　南齋 規介 先生
Lecture　2 気候変動とプライマリケア　大浦 誠 先生
全体討論「ジェネラリストは持続可能な地球環境の構築にどう貢献すべきか？」

依頼論文：

長谷川　敬洋　　医療保健分野での気候変動対策 ～ 国際的な動向～
石岡春彦　　気候変動と感染症
山下駿　　地球温暖化と熱中症
永井　恵　　気候変動と専門医療（腎臓医療）
小泉　俊三　　気候変動と医療の質（Choosing Wisely と Sustainability）
西岡　大輔　　気候変動と健康格差
梶有貴　　気候変動と医学教育

Climate change facing generalists in Japan: Researching planetary health as an academic

Yuki Kaji and Kazuya Nagasaki

The main issue of the 17th Japanese Consortium for General Medicine Teachers is climate change. We invited as a special guest, Dr. Keisuke Nansai, from the Center for Material Cycles and Waste Management Research, National Institute for Environmental Studies. He is the author of the topical paper highlighting that CO_2 emissions by Japanese healthcare is 4.6% of the total emissions in Japan. In this issue, we want to thoroughly discuss what physicians can do against climate change. When you hear technical terms such as carbon footprint, planetary health or planetary boundary, let's take part in our discussion together even if it rings a bell or it doesn't. Just one of our actions might change future of the earth.

The meeting had a lecture concerning cutting edge climate change efforts for generalist, furthermore a talk dealing with problems for the possibilities of researching planetary health as an academic.

In addition, we are publishing 6 articles on climate change in this mook which contains not just cutting edge information on climate change but also full tips on information for the practice of comprehensive primary care system as a national policy in Japan. We would be pleased if the mook helps deepen the discussion across the country.

ジェネラリスト×気候変動

Preface

Introduction

Lecture

カーボンニュートラル社会への転換とヘルスケアサービス

talks

ジェネラリスト×気候変動

1.

Preface

徳田 安春

群星沖縄臨床研修センター
ジェネラリスト教育コンソーシアム Chairman

今年2022年は，このジェネラリスト教育コンソーシアムがスタートして10周年に当たります．まずこの10年間の活動と，そのプロダクツとして世の中に刊行した書籍をご紹介します．2011年に東京品川で第1回ジェネラリスト教育コンソーシアムが開催されました．コンソーシアムはその後年2回開催されています．2012年から毎年その記録を収めたムック版が出版されています．年2回のうち1回は東日本，もう1回は西日本というように交互に開催しています．当初の世話人は藤沼康樹先生，私，それに横林賢一先生の3人でしたが，藤沼先生と横林先生はご都合で交代され，現在は私がChairmanを，また和足孝之先生がEditor in chiefを務めています．若手の先生方が多数入られてますます活性化しています．前回からはコロナショックでオンラインによる開催となりましたが，オンラインなので遠方からも参加しやすく，そのため波及効果も大きいというメリットもありますので，新たな発展の契機になると思います．

Volume 1～16までムック版が出版されています（Box 1）．その内容を下記にお示しします．

Volume 1：高齢者医療
Volume 2：ポリファーマシー
Volume 3：コモンディジーズ
Volume 4：医療マネージメント
Volume 5：Choosing Wisely in Japan
Volume 6：入院適応
Volume 7：地域医療教育
Volume 8：大都市の総合診療
Volume 9：高価値医療
Volume 10：社会疫学
Volume 11：病院総合医教育
Volume 12：Hidden Curriculum
Volume 13：診断エラー
Volume 14：総合診療× AI
Volume 15：ケアの移行と統合
Volume 16：再生地域医療 in Fukushima

これらのトピックは，今では当たり前のように雑誌の特集や単行本に取り上げられていますが，これらはすべて他の追随を許さずに，先駆的にこのコンソーシアムで取り上げたのです．今では多くの医学系雑誌が「AIが来てたいへんだ」と言っていますが，我々はすでに「ジェネラリスト× AI」を取り上げました．Choosing Wisely然り，社会疫学然りです．このような意味で，このコンソーシアムはCutting Edge, 世界最先端の学習の場です．このムック版を読むだけで，ジェネラリストに関するトピックが見えてくるのです．

このコンソーシアムを立ち上げるときにモデルとしたのが，Family Medicine Education Consortium (https://www.fmec.net/) です．これはFaculty Developmentのような方法で指導医が勉強する，しかも最先端の問題を討論するというコンソーシアムで，まさにこのジェネラリスト教育コンソーシアムはそれを10年余にわたり続けています．

しかも今回のテーマは，10年の節目にふさわしく「ジェネラリスト×気候変動」です．この問題を医療者が取り上げることができるのは，このコンソーシアムの若手であろうと思っていました．今回の世話人の梶先生，長崎先生にはお礼を申し上げたいと思います．ぜひ今日の議論を政策に反映できるよう，厚生労働大臣にもお送りください．

皆さんの今後のご発展を期待します．

Introduction

ジェネラリスト ×気候変動
臨床医は地球規模のSustainabilityにどう貢献するのか？

梶 有貴

国際医療福祉大学総合診療科

最初に本コンソーシアムについてのご説明と,「気候変動」と「ジェネラリスト」という一見するとまるで異なる領域を，なぜ本コンソーシアムで取り上げることにしたのか，その経緯を含めて述べていきたいと思います．

すでに徳田先生からご説明いただいたように，私たちが行っているジェネラリスト教育コンソーシアムは，ジェネラリストという専門領域や疾患に縛られずに臓器横断的に診療を行っている医師，そして特にジェネラリストの中でも指導的役割を担っている医師を対象に行っている勉強会になります．指導的役割とは言いましたが，実はこれまで初期研修医の方も参加していただいており，“将来指導的な役割を担う医師”も含めてご参加いただいていると理解していただければ幸いです．現在はコロナ禍ですので，最近の数回は今回のようにWeb会議システムを用いて開催しております．また流行状況が落ち着き可能になれば，Box1の写真ように皆で集まってのディスカッションも再開できればと思います．本コンソーシアムの最大の特徴としては，カイ書林の皆様がその記録をもとにMOOK版として出版していただいていることです．この出版されたMOOK版ですが，カイ書林の皆様のご尽力により，医学中央雑誌（医中誌および科学技術振興機構（JST）のJDream Ⅲ，J-GLOBAL）のデータベースにも掲

BOX 1　ジェネラリスト教育コンソーシアム

・ジェネラリスト（専門領域や疾患に縛られずに診療を行っている医師）の“指導医”および“将来の指導医”向けの勉強会 / 研究会

・現在，コロナ禍であるためWeb会議システムで開催

・(株) カイ書林の全面協力のもと，カンファレンスの内容を書籍にまとめMOOK（雑誌と書籍を併せ持った形）出版．
※現在，医学中央雑誌 JDream Ⅲおよび J-GLOBALのデータベースにも掲載

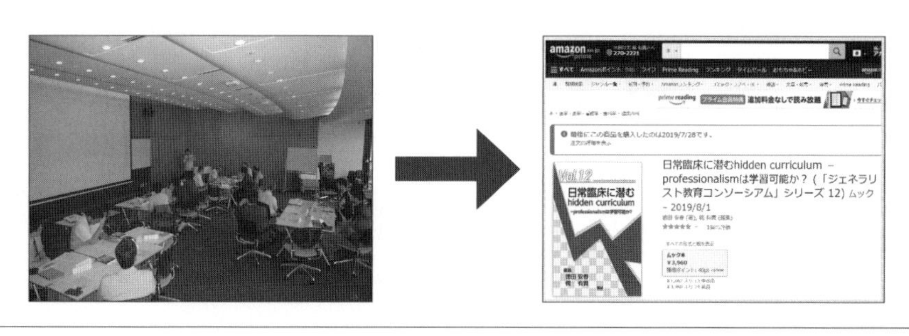

載されるようになりました．本日のご討論の内容が一語一句そのまま掲載されるわけではなく後日行う編集過程を経て掲載されますので，本日はどうぞ自由にご発言いただければと思います

ジェネラリスト教育コンソーシアム　10 年の歩み

Box 2 にジェネラリスト教育コンソーシアムの 10 年の歩みをお示しします．これまで，ポリファーマシー，Choosing Wisely，High value care，社会疫学，ケア移行などといった，我が国の学会や医学雑誌でも取り上げられることの少なかった様々な“Cutting Edge”なものを取り上げてきました．今回の気候変動というテーマもその歩みにふさわしい内容になるのではないかと期待しています．これらは実に多岐に渡るテーマですが，その共通項とは一体何だろうかと考えてみたところ，これらは医療者としての”プロフェッショナリズム”が根底に流れているテーマなのではないかと考えます．

Box 3 は，有名な「医師憲章」の基本原則とその責務になります．例えば，Choosing Wisely やケア移行といったテーマは「医療の質を向上させる責務」を扱ったテーマとして考えることができるでしょう．そして，本日のコンソーシアムを参加いただいたあとには，気候変動というテーマは，この責務の中の「有限な医療資源の適正配置に関する責務」に大きく関わってくるものであることもお分かりいただけるのではないかと思います．このテーマはまさしく医療専門職が考えていかなくてはいけないテーマといえます．

Planetary Health（プラネタリーヘルス）（Box 4）

さて，少しずつ本題に移って参りましょう．まず，本日最も知っていただきたい言葉として「Planetary Health プラネタリーヘルス」というものがございます．直訳すると「地球の（Planetary）健康（Health）」ということになります．これは Lancet 誌とロックフェラー財団が共同で提唱した概念で，「人類の未来を形作る政治，経済，社会などの人間システムと，人類が繁栄できる安全な環境限界を定義する地球の自然システムに賢明に配慮することで，世界的に達成可能な最高水準の健康，福祉，公平性を達成すること」と定義されています．言い換えれば，「地球

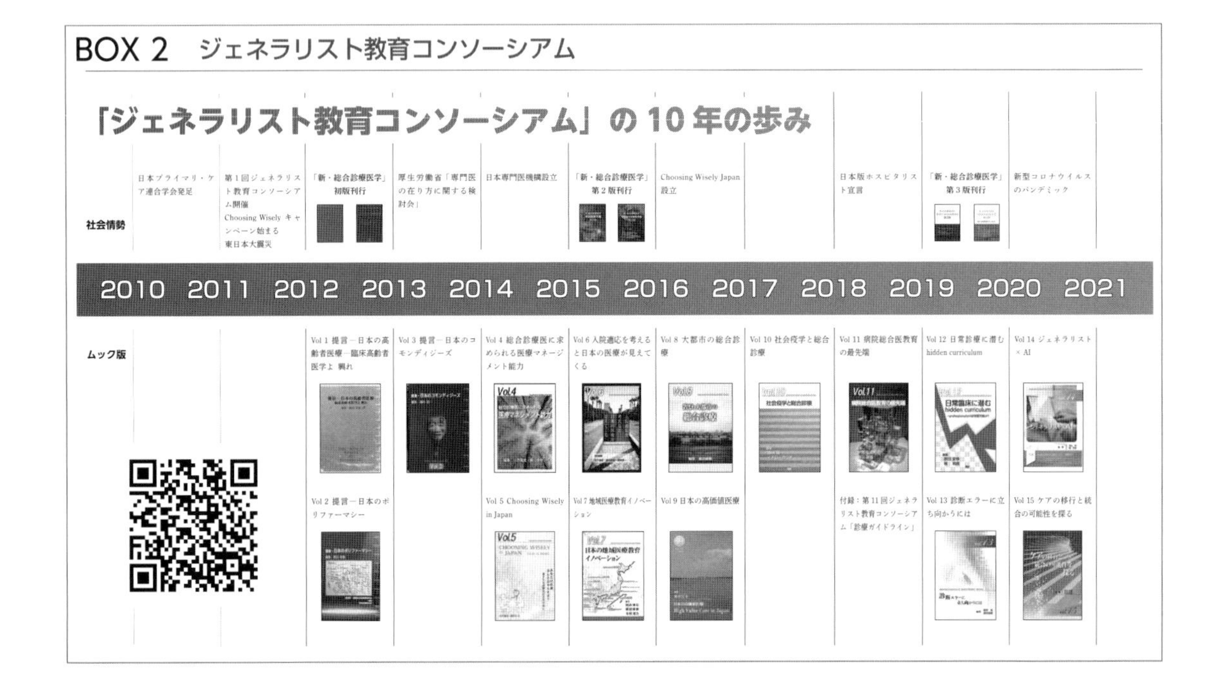

BOX 3 医の“プロフェッショナリズム”

Medical Professionalism in the New Millennium: A Physician Charter, 2002

【基本原則】
患者の福利優先の原則
患者の自立性に関する原則
社会正義（公平性）の原則

【専門職としての一連の責務】
専門職としての能力に関する責務
患者に対して正直である責務
患者情報を守秘する責務
患者との適切な関係を維持する責務
医療の質を向上させる責務
医療へのアクセスを向上させる責務
有限な医療資源の適正配置に関する責務
科学的な知識に関する責務（科学的根拠基づいた医療を行う責務）
利害衝突に適切に対処して信頼性を維持する責務
専門職の責任を果たす責務

BOX 4 Planetary Health

人類の未来を形作る政治，経済，社会などの人間システムと，人類が繁栄できる安全な環境限界を定義する地球の自然システムに賢明に配慮することで，世界的に達成可能な最高水準の健康，福祉，公平性を達成すること

the final report of The Rockefeller Foundation–Lancet Commission on Planetary Health

地球環境を考慮して，医療サービスが将来にわたって質の高いケアを提供し続けることができるようにする

環境を考慮して，医療サービスが将来にわたって質の高いケアを提供し続けることができるようにする」ということで，まさに本コンソーシアムのテーマと言ってよいでしょう．2017年からLancet Planetary Healthという専門誌も刊行されており，臨床系の論文の最高峰の一つであるLancetのかなりの“本気”を伺い知ることができます．こちらの専門誌は，原著論文は医学系研究では見慣れない方法論も多かったように思いますが，その概要（アブストラクト）だけでも一読に値する研究が多いので，ぜひ皆さまもご覧になってみてください．

世界的な223ジャーナルによる共同論説(Box 5)

そして，私個人がこの問題の重要さを知るきっかけとなったのが，2021年9月に世界的な医学ジャーナル223誌で同時掲載されるという前例のない気候変動に対する共同論説でした．先に紹介した「医師憲章」はLancetとAnnals of Internal Medicineとで同時掲載され有名になりましたが，今回223誌もの雑誌が同時に出す論説というのは医学界では前代未聞のことです．この論文はCOP26に先立ち2021年11月に発表されたもので，人類の健康を守るため，気候変動を抑えるために緊急行動をとることを呼び掛けたものでした．New England Journal of Medicine，Lancet，BMJの3大誌をはじめ，家庭医療の領域ではFamily Practiceといったようなメジャージャーナルも参画しており，医学界全体からの大きな危機感の表れを感じとることができます．ただ，残念なことに私が調べる限りではこの223誌の中には日本からの医学系雑誌からは1誌も見当たりませんでした．日本の医療界と世界の医療界との間に気候変動に対する危機感に大きなギャップがあるように感じてなりませんでした．

我が国の医療における気候変動対策の変遷(Box 6)

ここで我が国の気候変動対策の変遷について振り返って参ります．2005年に京都議定書の目標

BOX 5　2021年9月世界的な223ジャーナルによる前例のない共同論説

Call for emergency action to limit global temperature increases, restore biodiversity and protect health: Wealthy nations must do much more, much faster.

達成計画の閣議決定がなされ，それに呼応するように2008年に「病院における地球温暖化対策自主行動計画」が作成されています．これは，日本医師会，日本病院会，全日本病院協会，日本精神科病院協会，日本医療法人協会の主要5団体が共同して作成されたものです．それに続き，2015年には「病院における低炭素社会実行計画の2030年度削減目標」が設定されました．その中で，『病院延床面積当たりのCO2排出量を2006年度から2030年度までの24年間で，25%削減（対前年度削減率1.19%）』を目指すとされています．つまり，およそ1年に約1%ずつ下げていこうということです．ただ，パリ協定における我が国の目標が『2030年までに（2013年度比で）46%削減，2050年までにネットゼロ』であることを考えると，残念ながら今となっては十分な目標設定とは言えないものになっています．その後，ご存知の通り資源を大量に投入する必要があるコロナ禍に突入してしまいました．このような流れのもと，医療における気候変動についての議論は盛り上がりを欠く状態にあったことは私たちも知っておいてよいと思います．

医療の専門職（プロフェッション）として，気候変動の問題に何ができるのだろうか？

そこでこの度，我が国の医療界での気候変動に対する議論を活発にするための起爆剤となるよう今回のコンソーシアムを長崎先生と一緒に企画させていただきました．

今回のコンソーシアムをカイ書林さんと長崎先生とで企画・立案していた際に，全くの偶然ではありますが大浦誠先生（南砺市民病院総合診療科）のブログの中で，気候変動と医療に関して非常によくまとめられていたものを拝読させていただき，ぜひ今回の最初のゲストスピーカーにとお願いしたところ先生からご快諾をいただくことができました．

そして，メインのゲストスピーカーには南齋規介先生（国立環境研究所・国際資源持続性研究室室長）にお越しいただきました．本日も南

BOX 5　我が国の医療における気候変動対策の変遷

2005年　**京都議定書目標達成計画の閣議決定**

2008年　**病院における地球温暖化対策自主行動計画の策定**
（日本医師会・日本病院会・全日本病院協会・日本精神科病院協会・日本医療法人協会
⇒都道府県医師会代表が加わり「病院における地球温暖化対策推進協議会」に）

2015年　**病院における低炭素社会実行計画の2030年度削減目標の設定**

> 病院延床面積当りのCO_2排出量を2006年度として，2030年度までの24年間で，25%削減（対前年度削減率1.19%）することを目指す．
> ※参考：パリ協定で日本は2030年までに2013年度比で46%削減を目標

⇒対策の多くは，設備，照明・空調設備の運用や点検といった
病院内の**インフラ整備**が中心．

2019年～　**コロナ禍突入**

齋先生のご講演を心待ちにしている方も多いと思います．南齋先生は，2011年におけるCarbon footprintの排出が，日本全体の4.6%にあたるという，われわれにとってたいへん衝撃的な数値を発表され，私たちに警鐘を鳴らしてくださいました．今回，ご講演を依頼させていただいたところ，ご快諾をいただくことができました．誠に感謝申し上げます．

そして後半のセッションでは日本プライマリ・ケア連合学会や医療現場でこの気候変動に関して積極的に活動・発信されている佐々木隆史先生（こうせい駅前診療所）にも加わっていただき，パネルディスカッションを行いたいと思います．

「理解を深める用語集」

今回のご討論の一般的なルールでございますが，ぜひ活発な，そして建設的な議論をお願いいたします．また，可能な限り医療者の視点からの議論をお願いします．気候変動の問題は，関連する分野が広範囲にわたるだけに，政治，宗教，民族といったさまざまな視点から理解することができますが，今回にあたってはあくまで医療という側面に的を絞って議論をしていきたいと思います．また，ご参加の皆様には事前に配布しておりましたが，「理解を深める用語集」を作成させていただきました（本誌134ページ参照）．私の主観が入っておりますが，医療従事者があまり触れないような環境に関する用語を中心にその用語と解説をまとめてみました．本日も例えば，「京都議定書」，「IPCC」，「COP」などといった環境に関する用語が出てくるとは思いますが，適宜こちらを開いていただき，理解のお役に立てていただければと思います．

私からは以上です．

Lecture

カーボンニュートラル社会への転換とヘルスケアサービス

Transition to a carbon-neutral society and Japan's health care service

南齋 規介
Keisuke Nansai, Dr.

国立環境研究所　資源循環領域　国際資源持続性研究室長
物質フロー革新研究プログラム総括
名古屋大学大学院環境学研究科　客員教授

要旨：

プラネタリーヘルスは，人間の健康の維持と脅威に関する研究を人体内のみならず人の周辺環境を作り上げる外部システムを含めて行うことを概念的に体系づけたものである．本講演で演者は，その中の気候変動の要因である温室効果ガス（GHG）について，とくに医療関係者が知っておくべき勘定概念，方法，そして現状を紹介した．日本の2020年度のGHG排出量は11億4900万トンで，2030年にはパリ協定の目標である2013年度比46％削減に相当する7億6000万トンにまで低下させなければならない．この目標に向けて医療関係者の知るべき情報として，演者は，環境負荷を生産側と消費側から見る理由，消費側から見た日本のヘルスケアによるGHG排出（カーボンフットプリント），医薬品や医療機器メーカーの気候変動対策に関する情報開示と評価，大気汚染による人健康影響を消費側から考察した研究結果を示した．

さらに演者は，カーボンニュートラル社会を目指す中で，ヘルスケアを脱炭素化する術を探索するためのデータ蓄積，更新，日本の多くの病院で協力・共有する仕組みの必要性を強調した．また，気候変動のみならず社会的課題と国際貿易を通じた国外影響の包含を含め，プラネタリーヘルスにおいてどのようなヘルスケアが必要なのかを医療関係者自らが問い，その具体的な転換像を描いていく必要性を訴えた．転換を実現する過程において医療関係者が先導できる活動（この「ジェネラリスト教育コンソーシアム」がまさにその一つである）を発見することが肝要と強調した．その活動は自身の守備範囲を超えているのではなく，そこは自分たちの範囲なのだと認識することがプラネタリーヘルスの考え方において鍵となり，医学教育の中でもその認識を広く取り入れていくことが重要であるとも述べた．

Highlight

Transition to a carbon-neutral society and Japan's health care service

Planetary health is a conceptual system of study regarding the maintenance and threats to human health, not only within the human body, but also including the external systems that create a human's surroundings. The speaker introduced the accounting concepts, methods and the current status of greenhouse gases (GHG) as a factor of climate change in the external systems, which should be known especially by healthcare professionals. The GHG emissions in 2020 was 1,149 million tons in Japan, however the emissions must reach 760 million tons by 2030, the goal of Paris Agreement, corresponding 46% of 2013.

As necessary information for healthcare professionals, the speaker presented 1) the reasons for looking at environmental impacts from both the production and consumption side, 2) the consumption-based GHG emissions (carbon footprint) of Japanese healthcare, 3) information disclosure and assessment of climate change measures by pharmaceutical and medical device manufacturers, and 4) human health impacts of air pollution as a result of our consumption. In addition, the speaker stressed the need for data accumulation, updating and a mechanism for cooperation and sharing among many hospitals in Japan to explore the decarbonizing strategies of healthcare toward a carbon-neutral society. He also stressed the importance of healthcare professionals themselves asking what kind of healthcare is desired in planetary health, covering not only climate change but also social issues and the overseas impact through international trade, and the necessity of envisioning a concrete pathway to this transformation. He highlighted the significance of finding activities (of which this the Japanese Consortium for General Medicine Teachers is just one) that healthcare professionals can lead in the process of realising the transformation. The key in the concept of planetary health is the recognition that those activities are not beyond their own domain, but are within their own domain, and it is important that such recognition are is also widely adopted in medical education.

皆さん，本日は私にとって新しい，普段は病気のときしか接することがなく，健康なときにはあまり接点を持つことがない職種の方々との会に参加させていただいてありがとうございます．一つの論文*がきっかけですが，このような機会に恵まれたのは，私にとっては初めてのことで，うれしく思っております．

＊ Nansai et al. Carbon footprint of Japanese health care service from 2011 to 2015. Resour. Conder. Recycl. 152: 104525.

今日は「カーボンニュートラル社会への転換とヘルスケアサービス」というテーマで，この論文の内容を中心に少しかみ砕いてお話ししたいと思います．国立環境研究所は茨城県つくば市にありまして，環境省所管の独立行政法人の国立研究開発法人なのですが，気候変動を専門に研究しているグループ，私のような資源循環の研究グループ，それから生物多様性の研究グループ，もう一つは気候で言いますと，その緩和，つまり，1.5℃から2℃へ向かうという影響を研究しているチーム，もう一つは気候変動適応のチームがあります．

これは温暖化が進行する場合にどう備えていくかという適応について研究を行っているチームです．あとは，医師免許を持っている研究者も取り組む環境リスク研究や，たくさんの病院関係者の協力で「エコチル」*という大きな調査を行っているセンターもあります．

＊ 2011（平成23）年1月，環境が子どもの健康に与える影響を明らかにするための調査が国（環境省）の事業として始まった．この調査の正式な名前は「子どもの健康と環境に関する全国調査」といい，エコロジーとチルドレンとをかけあわせて「エコチル調査」と名づけられた．世界では，エコチル調査の英語の頭文字をとって「JECS（ジェックスと読む人が多い）」と呼ばれている．全国15か所で約10万人の子どもを対象に実施中．

また従来の水・土壌・大気の環境問題に取り組む部門もあります．先のお話の中でご紹介いただいた書籍「Regeneration リジェネレーション 再生 気候危機を今の世代で終わらせる」（山と渓谷社，2022）の日本語訳をされた江守正多氏も国立環境研究所に所属しています．私は現在，物質利用からプラネタリーヘルスを考えるという，社会を相手にしたシステム研究を行っています．

プラネタリーヘルス（Box 1）

「プラネタリーヘルス」というと，場所によってはまだマイナーな言葉だったりしますが，今回のご参加の方々はこの言葉をよくご存じと思います．別のところでお話しさせていただくと，「初めて聞きました」などと言われますので，まだ周知には温度差があるのだと思います．

プラネタリーヘルスの意味するところは，人の健康がその人の周辺環境によって作られているということにもう一度立ち返ってみましょうということです．人健康のためには外部システム，病気にかかった後ではなく，原因となる食料，良い食事が提供されるためには良い環境がなければなりません．良好な空気が吸入されるには有害物質の排出が減少しなければなりません．このように人健康が社会システムと連関していることを考えなければなりません．そのためには医療関係者の皆さんが発信すべきところは，人の健康という目的だけに絞ってみても地球環境と切り離せません．それを学問として体系づけたものがプラネタリーヘルスです．

プラネタリーヘルスは人健康を含めたプラネタリーバウンダリーズとも言われています．

プラネタリーバウンダリーズ*（Box 1,2）

Rockstrom J のグループが Nature 誌に，環境問題の特別ターゲットを明示しました．いろいろな環境問題がある中で，何に優先度を置くべきかをまとめたので大きな貢献があります．そこにはバウンダリー（限界）があって，バウンダリーを超えると地球は立ち行かないことを示したのです．このプラネタリーバウンダリーズの考え方が出てきたことによって，気候変動，生物多様性の損失そして窒素負荷のようなものが環境容量の限界を超えているということが注目されました．これに人健康の問題が入ってきました．環境を守ることの中に人環境も地球システムの一つであるから，その中に入れて考えるのがプラネタリーヘルスの考え方です．プラネタリーヘルスは，人健康も含めて地球環境問題も超えて敷居値を超えて負荷が増えてはいけない，上限があると考えます．

＊ プラネタリー・バウンダリーズ（Planetary Boundaries）：

2009 年に Rockstrom J によって提唱された，地球の環境負荷が許容できる限界点を定義したもの．その限界を超えた場合，地球環境に不可逆な変化が急激に起きる可能性があり，人類の安定的存続を脅かすと警告している．（本誌付録：梶有貴．「理解を深める用語集」参照）

BOX 1　プラネタリーヘルス

従来の医学では，人間の体内のシステムに基づいて研究が展開．

「プラネタリーヘルス」は，人健康の維持と脅威に関わる外部のシステムにまで研究対象を拡張．

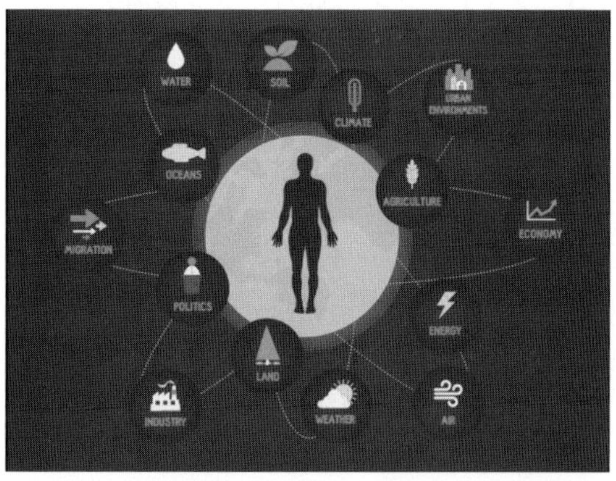

人の健康と文明は健全な地球環境と一体であり，人健康を含めたプラネタリーバウンダリーズ．

https://www.thelancet.com/infographics/what-is-planetary-health

Kate Raworth の「ドーナツ経済学」(Box 3)

オックスフォード大学の経済学者Kate Raworthは「ドーナツ経済学」という考え方を提唱しました．経済学というと主流はやはり付加価値の追求，GDP（Gross Domestic Product：国内総生産）の拡大です．Box 3のドーナツ図の外側には環境のバウンダリーズがありますが，このバウンダリーズを超えている領域について先に触れました．もう一つ逆に，例えば教育の機会，社会的平等，男女共同参画といった，これ以上下回ってはいけないバウンダリーが社会基盤としてあり，それらを下回っている課題がGDPを追求してきた現実世界にあります．GDPの成長だけを経済の目的とせず，地球の環境容量は超えないで，社会的基盤からも落ちないドーナツの間で営なまれる経済を目指すべきだと言います．つまり，プラネタリーバウンダリーズと人健康を関連づけ，それにSDGs（Sustainable Development Goals：持続可能な発展目標）に必要な社会的基盤という下支えするところも含めて考えようと唱えています．このような人健康，社会，環境を一体のシステムと捉える考え方は，医学，環境学，そして経済学の重要な共通概念として認識されつつあります．もちろんなかなか実行はできていませんが，学問の一つの概念として定着しています．

BOX 2　プラネタリーバウンダリーズ

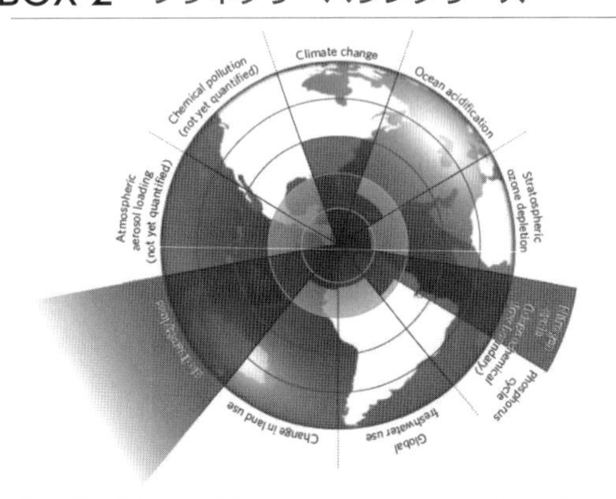

Figure 1 | Beyond the boundary. The inner green shading represents the proposed safe operating space for nine planetary systems. The red wedges represent an estimate of the current position for each variable. The boundaries in three systems (rate of biodiversity loss, climate change and human interference with the nitrogen cycle), have already been exceeded.

重要として選択肢した９つの環境領域に関する現在の環境容量の状態

大きく環境容量を超える領域
- 生物多様性の損失率
- 気候変動
- 窒素負荷

Source) J. Rockstrom, W. Steffen, K. Noone, A. Persson, F. S. Chapin, E. F. Lambin, et al. Nature, 2009, 461(7263). 472-475.

BOX 3　ケイト・ラワースのドーナツ経済学

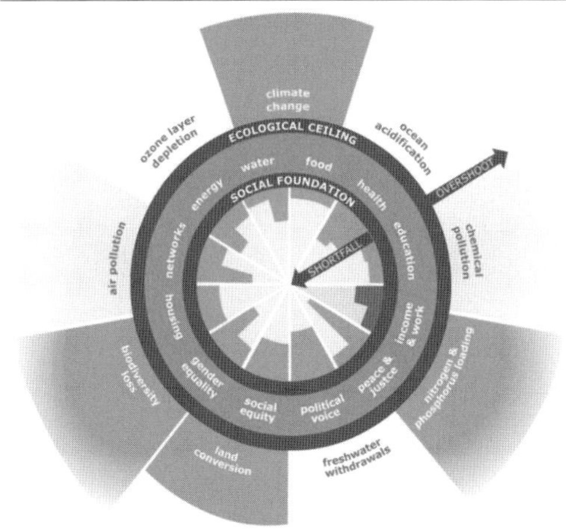

1) Population living on less than the international poverty limit of $3.10 a day: 29% (2012)
2) Proportion of young people (aged 15-24) seeking but not able to find work: 13% (2014)

Kate Raworth（経済学者）が2017年に出版した「Doughnut Economics: Seven Ways to Think Like a 21 st-Century Economist」で示した持続可能な発展のための社会基盤を含む経済モデル.

GDPの拡大追求ではなく，地球の環境容量を超えず，社会基盤を下回らない経済への転換が持続可能な発展に必要.

気候 1.5 度目標への達成経路（Box 4）

さて，その中の気候変動*を中心に話をしたいと思います．いわゆるパリ協定**で，COP26***で気候 1.5 度目標を合意しましたが，これがいかに大変な目標かをお話しします．

＊気候変動（Climate Change）／地球温暖化（Global Warming）：
人間の活動が直接的または間接的に惹き起こした，数十年にわたる気温の変化とそれを原因としたさまざまな天候の変化のことを気候変動，人間活動より地球気温が上昇していることを地球温暖化という．（本誌付録：梶有貴．「理解を深める用語集」参照）

＊＊パリ協定（Paris Agreement）：
2015 年の UNFCCC-COP21 で採択された国際枠組み．「産業革命以前と比較した世界平均気温の上昇を 2 ℃十分に下回る水準に抑え，1.5℃に抑えるように努める」ことが合意された．京都議定書と異なる点として，すべての参加国に排出削減義務が求められたこと，また排出削減の目標を自主的に設定する方式が採用されたことが挙げられる．日本では 2030 年までに 2013 年度比で 46% 削減，2050 年までにネットゼロを宣言している．（本誌付録：梶有貴．「理解を深める用語集」参照）

＊＊＊COP：
1992 年の環境と開発に関する国際連合会議（UNCED）で採択された，地球温暖化対策の世界的な枠組みを定める条約．1994 年に発効され，日本は 1993 年に批准している．この条約に署名した国家間の会議のことを COP（Conference of the Parties：締約国会議）と呼称する．（本誌付録：梶有貴．「理解を深める用語集」参照）

BOX 4 気候 1.5 度目標への達成経路

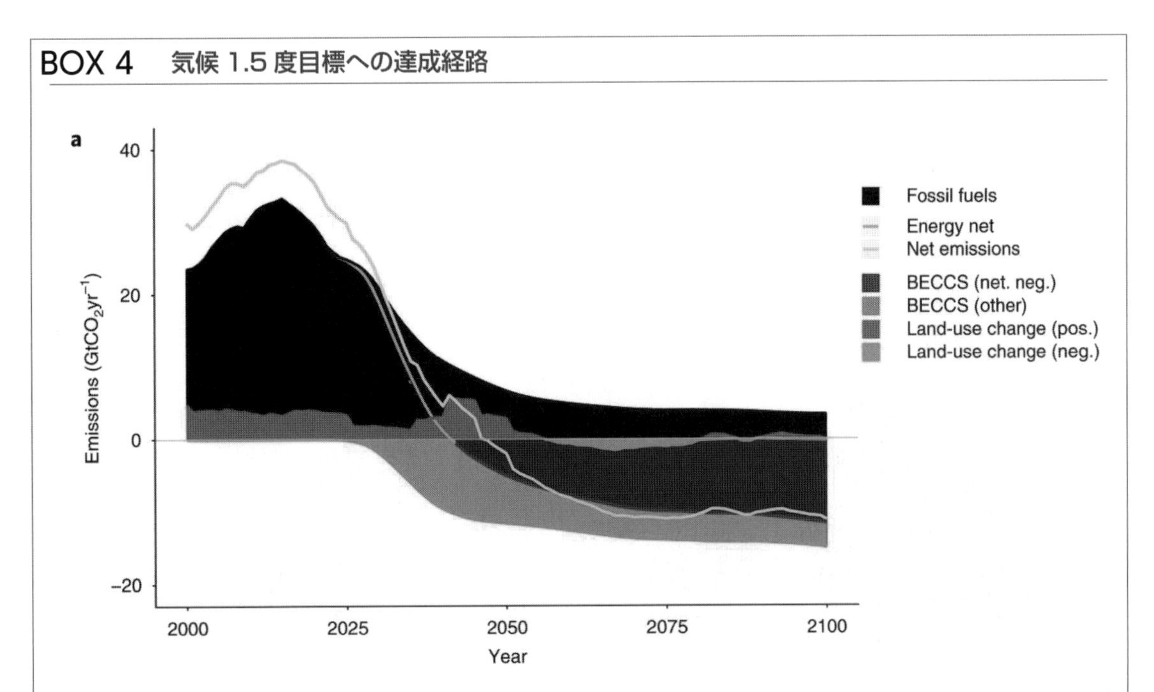

Source) Figure 2 in van Vuuren, D.P., Stehfest, E., Gernaat, D.E.H.J. et al. Alternative pathways to the 1.5° C target reduce the need for negative emission technologies. Nature Clim Change 8, 391-397 (2018). https://doi.org/10.1038/s41558-018-0119-8

Box 4 では 2025 年の少し前になりますが，1.5 度目標を達成するには世界の温室効果ガス排出量は 2050 年の手前でプラス・マイナス 0，つまりネットゼロになる必要があります．それには当然化石燃料を減らすことが当然ですが，一方大事なのは CO_2 を吸収して固定し，大気中に出さない技術である CCS（Carbon dioxide Capture and Storage：二酸化炭素回収・貯留技術）の導入が必要になってきます．大気中の CO_2 を森林だけでなく地中や海底に埋めて大気と隔離し，大気中の CO_2 濃度を下げるという価値が経済活動に組み込まれていかないと，1.5 度目標にはたどり着きません．

これは化石燃料から再生可能エネルギーに変えるコストだけでなく，CO_2 を回収していくことが世の中に広がると同時にそのコストを背負うことが，どうしても避けられません．これは後で触れますが，カーボンニュートラル社会におけるヘルスケアには，化石燃料を減らすだけで終わるのではなくて，このようなコストへの対応も避けられません．

カーボンバジェット 2021（Box 5）

気候目標には化石燃料の使用を減らしていかなければならないと述べました．これまで化石燃料がどれだけあと使用できるかを，枯渇への懸念から考えていました．しかし，今は気候目標を達成には，何トンの炭素排出が許されるのかを計算して，残り使用できる化石燃料を考える必要があります．許容される炭素排出を専門用語でカーボンバジェット（炭素予算）と呼びます．既に化石燃料の消費によって多くの CO_2 を大気に排出してきましたので，カーボンバジェットの多くを使ってきました．では，残りのカーボンバジェットを **Box 5** から見ましょう．1.5 度を目指す世界では 420GtCO_2 がまだ排出できます．これがどれくらいの量なのかピンときませんが，2022 年から今の経済を続けていったと仮定すると，あと 11 年で使い果たしてしまう量です．

BOX 5　カーボンバジェット 2021

平均気温上昇を 1.5℃，1.7℃，2℃に抑えるためのカーボンバジェット（炭素の大気蓄積量）の残りは，それぞれ 420GtCO_2，770GtCO_2，1270GtCO_2 で，2022 年から 11，20，32 年分に相当．2475 GtCO_2 は 1750 年からの推定量．

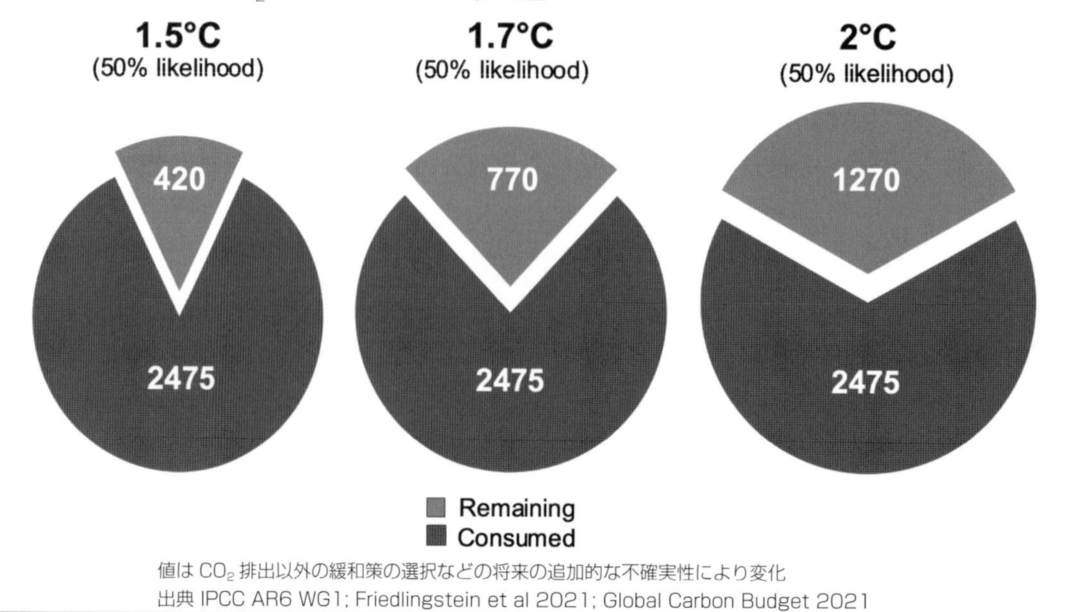

値は CO_2 排出以外の緩和策の選択などの将来の追加的な不確実性により変化
出典 IPCC AR6 WG1; Friedlingstein et al 2021; Global Carbon Budget 2021

カーボンニュートラル＊への排出削減（Box 6）

この残されたカーボンバジェットの厳しい状況で，現下のCOVID-19で医療関係者はたいへんな思いをされていますが，経済としては非常に縮小して，外出しない，旅行にも行かないとなると，CO_2はこれだけがまんすれば，**Box 4**の線のカーブに乗るくらい減少するだろうと期待もされました．ところが実際は2020年の化石燃料の排出は2019年から5.4％しか落ちませんでした．

今回は少しのがまんというのではなく，世界全体でかなりのがまんをしたのですが，しかし5.4％しか減少せず，2021年にはリバウンドが既にあり2020から4.9％増えました．ほぼ排出量はパンデミック前に戻りつつあります．カーボンニュートラルへの排出削減が，このコロナ禍で経験している「すこしがまんする」程度の変化では，いかに実現が困難なものであることが想像できると思います．

＊カーボンニュートラル（Carbon Neutral）：経済活動等により生じるCO_2排出量を実質的にゼロにすることを目指す方針．排出量自体の削減とCO_2回収量の増加により達成が目指される．パリ協定の1.5℃目標のときに語られるネットゼロ（Net-Zero：Net＝正味）はこの言葉とほぼ同義とされている．（本誌付録：梶有貴．「理解を深める用語集」参照）

BOX 6　カーボンニュートラルへの排出削減

Global Carbon Budget 2021

CO_2 emissions rebound towards pre-COVID levels

Global fossil CO_2 emissions in 2021 are set to rebound 4.9% after a record 5.4% drop in 2020.
This follows a decade of strong and growing energy decarbonisation which reduced the growth of emissions.

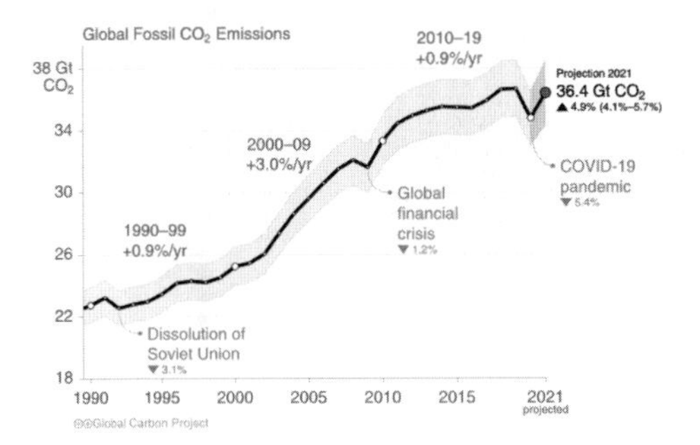

CO_2 emissions cuts of 1.4 billion tonnes are needed each year on average to reach net zero by 2050

出典）https://www.globalcarbonproject.org/carbonbudget/21/infographics.htm

日本の温室効果ガス*排出量の推移と目標（Box 7）

さて，日本に目を転じましょう．一番新しい数字で2020年度の温室効果ガス排出量は11億4900万トンです．最近は着実に排出量が落ちてきていますが，2030年にはパリ協定の目標である46%削減の7億6千万トンまで行かなくてはなりません．削減をこのペースであと10年続ければ，直線的に7億6千万トンに2030年に辿り着きますが，これはかなりチャレンジングです．

そして，この先は2050年のカーボンニュートラルということになります．

＊ 温室効果ガス（Greenhouse Gas: GHG）地球温暖化の原因の原因とされている気体．CO_2が最も多く76%を占めるが，CO_2だけではなく，メタンや一酸化二窒素（N_2O），ハイドロフルオロカーボン（HFC）などもこれに含まれる．（本誌付録：梶有貴．「理解を深める用語集」参照）

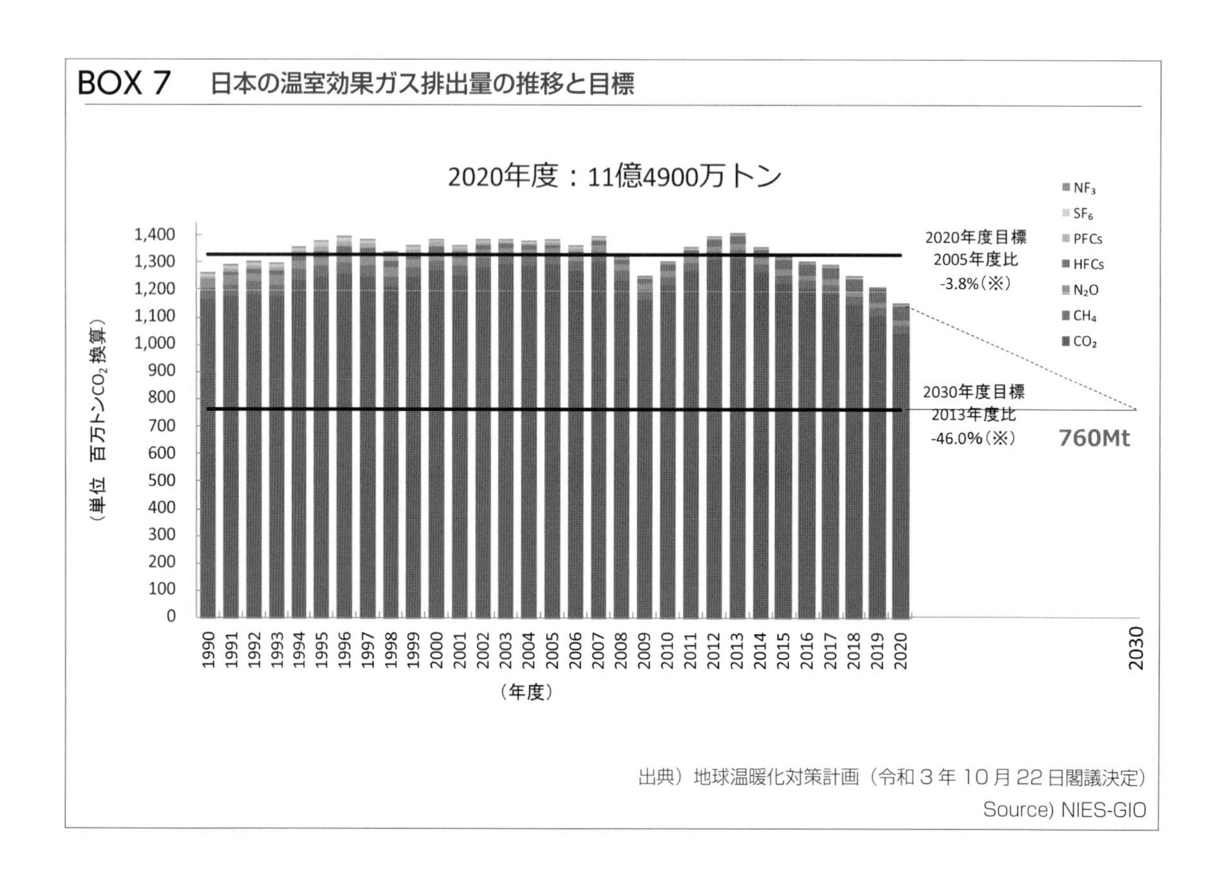

BOX 7　日本の温室効果ガス排出量の推移と目標

出典）地球温暖化対策計画（令和3年10月22日閣議決定）
Source) NIES-GIO

日本の温室効果ガス排出量（排出部門別）（Box 8）

部門別におよそ12億トンの CO_2 排出量を見てみましょう．当然ながら発電所や工場，運輸が排出量の上位に来ます．ヘルスケアに関連する病院などからの排出はBox 8の中の「業務その他部門」に該当します．例えば，2011年の病院からの直接排出量は850万トンで，割合では日本全体の0.6％です．しかし，ヘルスケアが排出をコントロールできるのは高々0.6％かと思いがちですが，そうではなく後で紹介します「カーボンフットプリント」*でみると格段に割合が変わってきます．

＊ カーボンフットプリント（Carbon Footprint）：資源採掘の段階から生産の段階，さらに流通・使用や維持，廃棄・リサイクルの段階といったフロー全体で排出される温室効果ガスの排出量を CO_2 換算にした指標（本誌付録：梶有貴．「理解を深める用語集」参照）

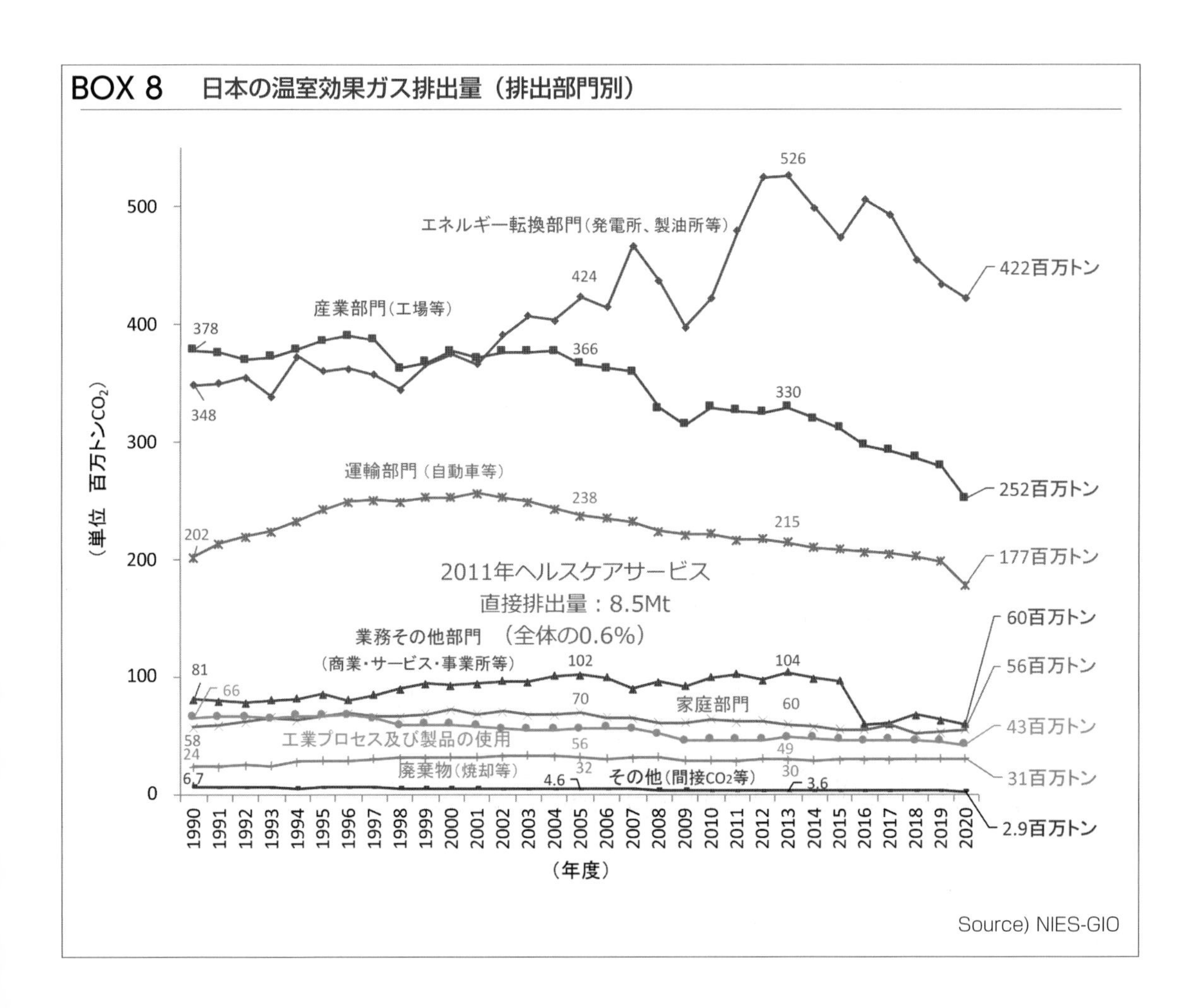

BOX 8　日本の温室効果ガス排出量（排出部門別）

医療機関の化石燃料以外のGHG（Box 9, 10, 11, 12）

この850万トンのヘルスケアから排出は，もちろん暖房や調理，非常用電源での化石燃料の燃焼によることが主ですが，それだけではありません．公式な日本の排出インベントリに推計方法に載っていますが，例えば麻酔剤からのN_2Oが計上されています（**Box 9**）．麻酔剤の笑気ガスに分解装置を導入していた病院が2009年までありました．病院での笑気ガスを回収して分解することも排出削減の一つの手段です（**Box 10**）．

ほかの化石燃料以外の排出源は，医療用粒子加速器の充填ガスとして使用するSF6*です（Box 11）．Box 12は加速器の種類ごとの数を示しています．医療用というのが大学や研究施設，産業用の加速器の数よりも圧倒的に最も多いことが分かります．

＊　ＳＦ６（六フッ化硫黄）ガス：本誌付録：梶有貴「理解を深める用語集」温室効果ガスの項参照．

BOX 9　医療機関の化石燃料以外のGHG

4.8.3. 製品の使用からのN_2O（2.G.3.）
4.8.3.1. 医療利用（2.G.3.a）
a）排出源カテゴリーの説明

麻酔剤（笑気ガス）の使用に伴いN_2Oが排出される．2006年より一部の病院でN_2O分解装置が導入されているので，その削減量も排出量に反映している．なお，我が国では，麻酔剤としてCO_2は使用されていない．

b）方法論

■ 算定方法

麻酔剤の使用に伴い排出されるN_2Oの排出量については，2005年までは麻酔剤として医薬品の製造業者又は輸入販売業者から出荷されたN_2Oの量をそのまま計上した．2006年以降については，麻酔のN_2O分解装置を導入している国内病院における笑気ガス使用量，分解率（99.9%）を用いて計算したN_2O回収量を薬事用N_2O出荷量から差し引いて排出量として計上した．

$$E = S - (U \times DR)$$

E：麻酔剤（笑気ガス）の使用に伴うN_2O排出量
S：薬事用N_2O出荷量
U：N_2O分解装置を導入している病院における笑気ガス使用量
DR：分解率

Source) NIES-GIO

BOX 10　医療機関の化石燃料以外のGHG

■ 排出係数

麻酔剤として使用されるN2Oは，回収されない限り全量が大気中に放出されると仮定したため，排出係数は設定していない．

■ 活動量

2005年までは厚生労働省「薬事工業生産動態統計年報」に示された，全身麻酔剤（亜酸化窒素）の出荷数量（暦年値）を用いた．2006年以降2009年までは，上記出荷数量から麻酔のN_2O分解装置を導入している国内3病院，2010年以降については国内4病院におけるN_2O回収量を差し引いた量を用いた．

表4-91 全身麻酔剤（N_2O）の出荷量及び国内病院における回収量

項目	単位	1990	1995	2000	2005	2009	2010	2011	2012	2013	2014	2015	2016	2017	2018
笑気ガス出荷量	kg-N_2O	926,030	1,411,534	1,099,979	859,389	389,749	320,110	314,155	292,971	253218	1,111,265	219,011	219,011	234,691	211,842
国内病院におけるN_2O	kg-N_2O	NO	NO	NO	NO	1049	914	779	450	509	NO	NO	NO	NO	NO

Source) NIES-GIO

BOX 11 医療機関の化石燃料以外のGHG

4.8.2.2. 加速器（2.G.2.-）

a）排出源カテゴリーの説明

SF_6は大学・研究施設，及び産業用・医療用（がん治療）の粒子加速器の充填ガスとして使われている．機器の保守の際，SF_6は貯蔵タンクに移されるため，排出は主にガスの移動の際に起こる．

b）方法論

■ 算定方法

2006年IPCCガイドラインのTier 1手法で排出量を算定する．

$E = N \times U \times C \times EF$

E：SF_6排出量
N：加速器の数
U：SF_6使用率
C：SF_6充填量
EF：SF_6排出率

排出量の算定に用いた各加速器の種類毎のSF_6使用率，SF_6充填量，SF_6排出率，加速器数を以下に示す．

BOX 12 医療機関の化石燃料以外のGHG

表4-88 加速器の種類毎のSF_6使用率，SF_6充填量，SF_6排出率

項目	大学・研究施設設置の粒子加速器	産業用粒子加速器	医療用粒子加速器[1)]	小規模（1MeV未満）の電子加速器
SF_6使用率	33%	100%	100%	100%
SF_6充填量	2400kg	1300kg	0.5kg	400kg2)
SF_6排出率	下表参照	0.07kg/kg	2.0kg/kg	0.07kg/kg

注）　1）の医療用粒子加速器のうち，サイクロトロン及びシンクロトロンについては，SF6を使用している機器はないと考えられるため，算定対象から除いている．
（出典）2006年IPCCガイドラインのデフォルト値．但し2）は主要加速器メーカーへのヒアリング結果

表4-89 大学・研究施設設置の粒子加速器のSF_6排出率

項目	1990～2004年	2005～2009年	2010～2014年	2015～2018年
SF_6排出率［kg/kg］	0.070	0.063	0.063	0.052

出典）JAEA-Technology 2010-023「タンデム加速器高圧ガス製造施設の運転管理」，及び日本原子力研究開発機構環境報告書2011～2018をもとに算出．

表4-90 加速器の種類毎の数

項目	1990	1995	2000	2005	2009	2010	2011	2012	2013	2014	2015	2016	2017	2018
粒子加速器数（大学・研究施設）	188	214	212	209	219	218	216	231	225	222	241	245	242	242
粒子加速器数（産業用）	143	164	145	181	181	174	179	184	188	190	193	183	191	191
粒子加速器数（医療用）	531	641	754	857	936	926	986	1028	1068	1081	1108	1114	1116	1116
小規模電子加速器（1MeV未満）数	243	276	314	282	255	218	215	203	201	197	201	196	192	196

出典）日本アイソトープ協会「放射線利用統計」但し，小規模電子加速器のみ日本原子力産業会議「原子力年鑑」等

組織のサプライチェーンと排出管理（Box 13）

さてこれからは直接的な排出でなく，カーボンフットプリントのお話に移りたいと思います．これまでは病院の話題をしてきましたが，医薬品や医療機器メーカーを含め大手民間企業においては，自身の工場からの排出だけではなく，電気の調達，素材，部品やその輸送も，また販売した後の製品が生み出す排出も管理していこうという流れになっています．現在のビジネス，とくにグローバル企業においてはこうした組織のサプライチェーンを通じた排出管理が求められています．

消費基準排出量の概念（Box 14）

このサプライチェーンを通じた排出を見るという考えを一国に適用して環境問題を理解することが定着してきました．国のサプライチェーンの排出は，国の消費基準排出量とも呼ばれ，温室効果ガスに限らずいろいろな環境影響に応用されています．例えば，皆さんのお手元の携帯電話は，組み立ては中国で行い，設計開発はアメリカです．中の材料は他の資源採掘国から供給されます．材料の加工，組み立てるための化石燃料は別の国で採掘されます．このようなグローバルなサプライチェーンを通じてできたものがお手元にあるわけです．消費基準排出量は，携帯電話の製造に要した世界各国の排出量を全て携帯電話の消費者である日本に引き渡すという見方をします．携帯の材料や部品のために排出された炭素が詰め込まれた携帯電話を日本が輸入した感じです．

消費基準排出量の反対は生産基準排出量といいます．サプライチェーンは気にしないで，排出した国がその排出に責任を持ちます．パリ協定の削減目標を持つ日本の約 12 億トンの CO_2 排出量は生産基準による排出量です．

BOX 13 組織のサプライチェーンと排出管理

製品や事業活動の上流および下流のサプライチェーンを通じて生じる温室効果ガスをシステム境界を拡張して管理する．

電気
材料
当該企業
販売
廃棄
輸送

BOX 14 消費基準排出量の概念

製品の原料採掘からの一連の生産プロセスで要した排出は最終消費国に帰属する．国際貿易により商品と排出を一体として国間を移動する．

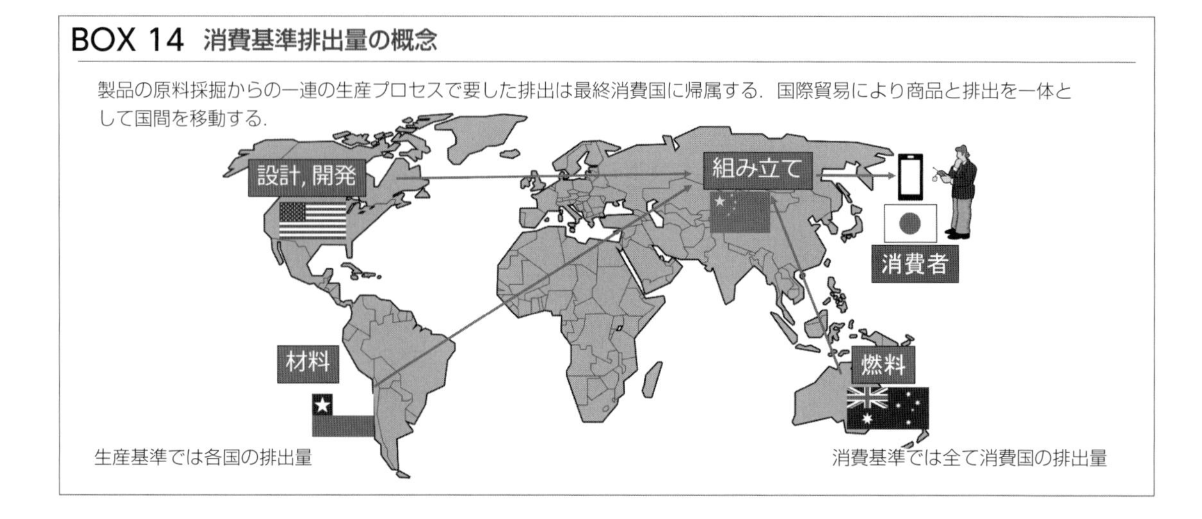

消費者基準の CO_2 排出量（2019 年）

Box 15 の下のグラフが日本の生産基準排出量で，日本国内から排出される CO_2 排出量は，着実に下がっています．一方，多くの天然資源や製品を輸入する日本は消費者基準では，それらの生産に関わる排出を全て背負います．その代わり日本は時計，自動車，いまはイチゴも輸出する時代ですので，そのような製品にかかった日本国内の排出は輸出した相手国に渡します．上のグラフが日本の消費基準排出量を示しますが，消費基準が生産基準よりずっと大きく，消費基準は生産基準のおおよそ 1.2 倍くらいにあります．パリ協定では，日本は下のグラフを基準に排出量を下げると宣言していますが，実際はそれより多くの排出をすることで日本の消費者の生活は成り立っています．消費基準排出は消費者が実際に要した排出量を「見える化」してくれますが，もう一つメリットがあります．消費基準の排出先が特に途上国の場合，放っておいたら経済的にも技術的にも何も手を付けられることがないような国の排出量にも日本が削減に関与する論理的な根拠が示されます．つまり CO_2 の排出削減を国単独に行うのではなく，国のサプライチェーンを通じた排出に責任を持ち，複数の国と協力して排出削減に取り組む機会が生まれます．この消費基準の排出量を見ることによって，グローバルに排出削減の輪が広げられるのです．各国の CO_2 排出量と生産基準と消費基準の両面から見る重要性は IPCC ＊の報告書にも明記されています．

＊ IPCC（Intergovernmental Panel on Climate Change の略）：1998 年に世界気象機関（WMO）と国連環境計画（UNEP）により設立された，国連が招集した 195 の政府と数千人の第一線の科学者・専門家からなるパネル．気候変動やその影響・対策について，世界中の論文を基に科学的な見地から評価を行っており，数年ごとに作成される評価報告書は，各国・各国間の気候変動対策の“根拠”として用いられる．（本誌付録：梶有貴．「理解を深める用語集」参照）

BOX 15 消費者基準の CO_2 排出量（2019 年）

Production vs. consumption-based CO_2 emissions, Japan

Our World in Data in 2019

Annual consumption-based emissions are domestic emissions adjusted for trade. If a country imports goods the CO_2 emissions needed to produce such goods are added to its domestic emissions; if it exports goods then this is subtracted.

1.4 billion t
1.2 billion t
1 billion t
800 million t
600 million t
400 million t
200 million t
0 t
1990 1995 2000 2005 2010 2015 2020
Consumption-based CO_2 emissions
Production-based CO_2 emissions

Source: Global Carbon Project OurWorldInData.org/co2-and-other-greenhouse-gas-emissions/ • CC BY
Note: This measures CO_2 emissions from fossil fuels and cement production only – land use change is not included.

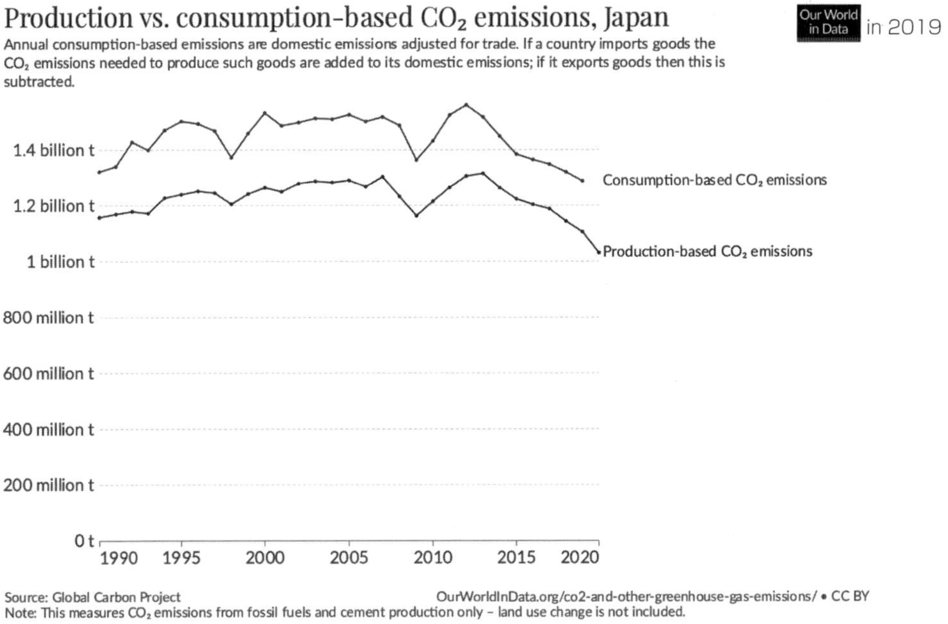

貿易による正味の CO_2 移動量（Box 16）

輸入した製品に要した CO_2 排出量と輸出品に要した排出量を比較し，どちらが多いかによって，正味で CO_2 輸入国か輸出国がわかります．日本は輸入による排出量が輸出により他国へ移る排出量より多く，CO_2 輸入国です．

CO_2 輸入国と輸出国（2019）（Box 17）

Box 17 は世界各国の CO_2 の輸出入のバランスを示します．赤色は CO_2 の輸入国，青色は輸出国です．日本を含め多くの先進国が赤色です．青色には中国やインドの製品輸出国，先進国ではオーストラリアやカナダなどの天然資源の輸出国が含まれます．

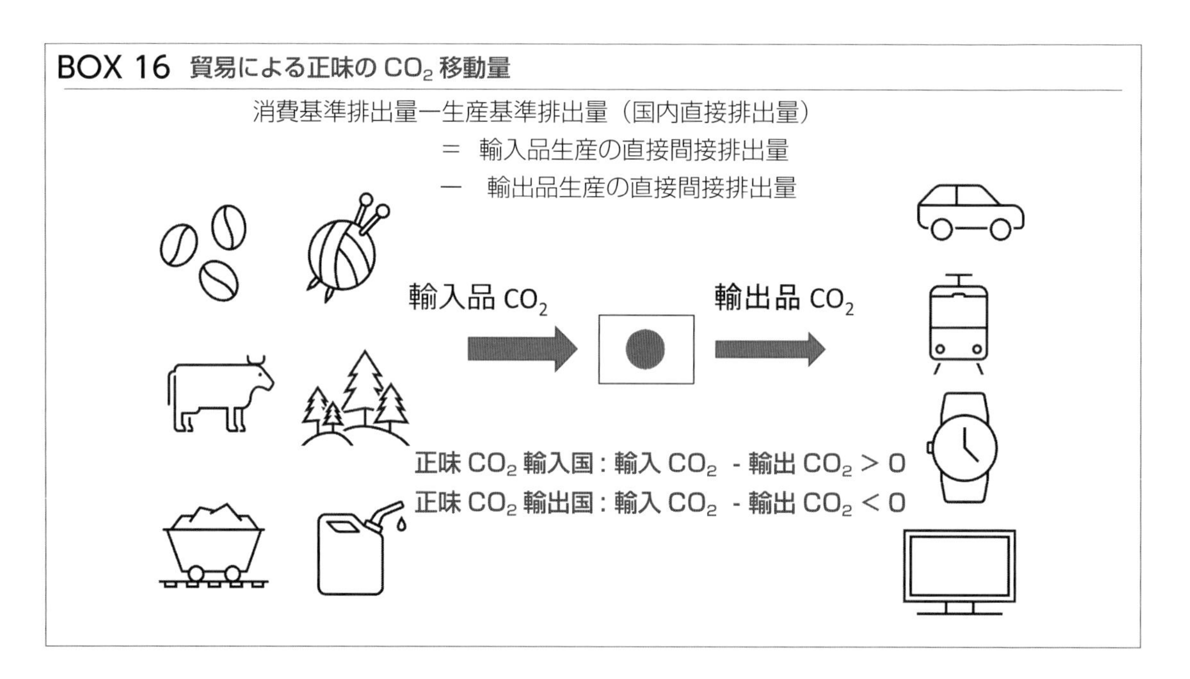

BOX 17　CO_2 輸入国と輸出国（2019）

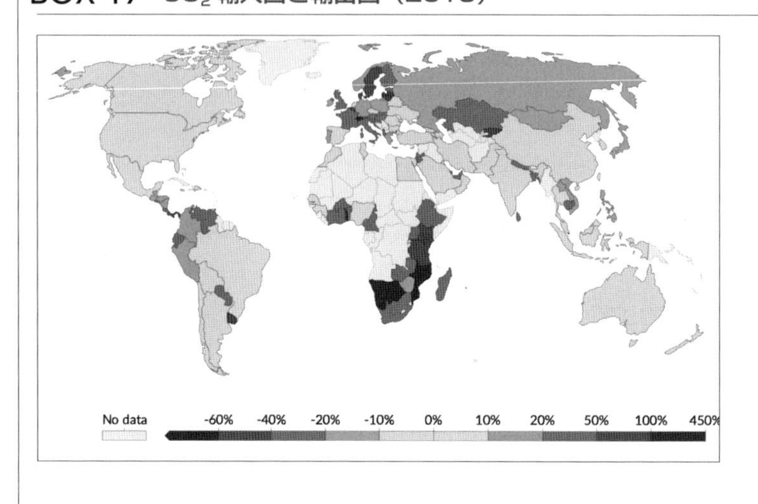

https://ourworldindata.org/grapher/share-co2-embedded-in-trade?time=latest

ヘルスケアのカーボンフットプリント（Box 18）

では，ヘルスケアに再度焦点を当てますが，今度はヘルスケアのサプライチェーンを遡って排出量をカウントします．つまり，ヘルスケアのカーボンフットプリントです．直接排出量は850万トンと日本全体の0.6%でした．病院の中だけでなく，医療機器の購入，病院に設置するエアコンの生産，ごみ処理，患者さんの食べ物，薬の提供に関わるすべての排出量を計上するとどうなるでしょうか？

ヘルスケアのカーボンフットプリント（Box 19）

2011年の計算ですが，ヘルスケアのカーボンフットプリントは6,250万トンです．ヘルスケアの炭素の守備範囲が約8倍広くなります．カーボンフットプリントの半分以上が医療サービスです，入院診療と入院外診療，そして調剤に伴う排出が66%の大部分を占めます．高齢化で介護サービスは増大していますが，その排出は施設サービスだけではなく訪問介護も含め約16%に相当します．このあたりの排出は主要であるのは想像もつきやすいのですが，実は病院を建てたり補修したり，高額な医療機器を購入したりする固定資本形成に伴う排出も無視できません．全体の14%を占めます．このフットプリントの6,250万トンは，これを2つの視点から内訳を見ることが削減を考える上で役に立ちます．

BOX 18　ヘルスケアのカーボンフットプリント

カーボンフットプリントでは，ヘルスケアでの直接的な温室効果ガスの排出だけでなく，必要な財・サービスの購入に起因して生産サプライチェーン生じた温室効果ガス排出量を含める．

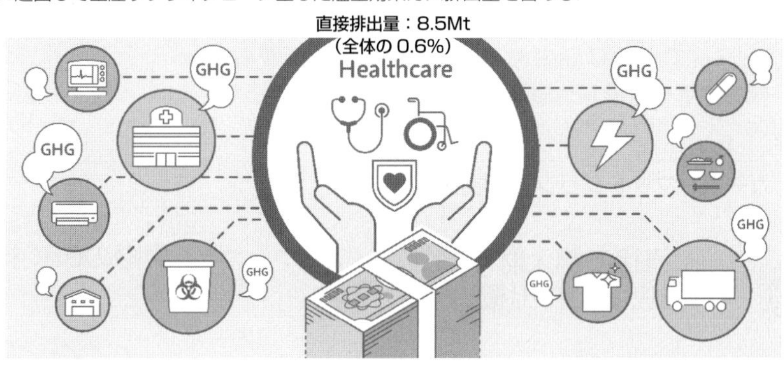

BOX 19　ヘルスケアのカーボンフットプリント

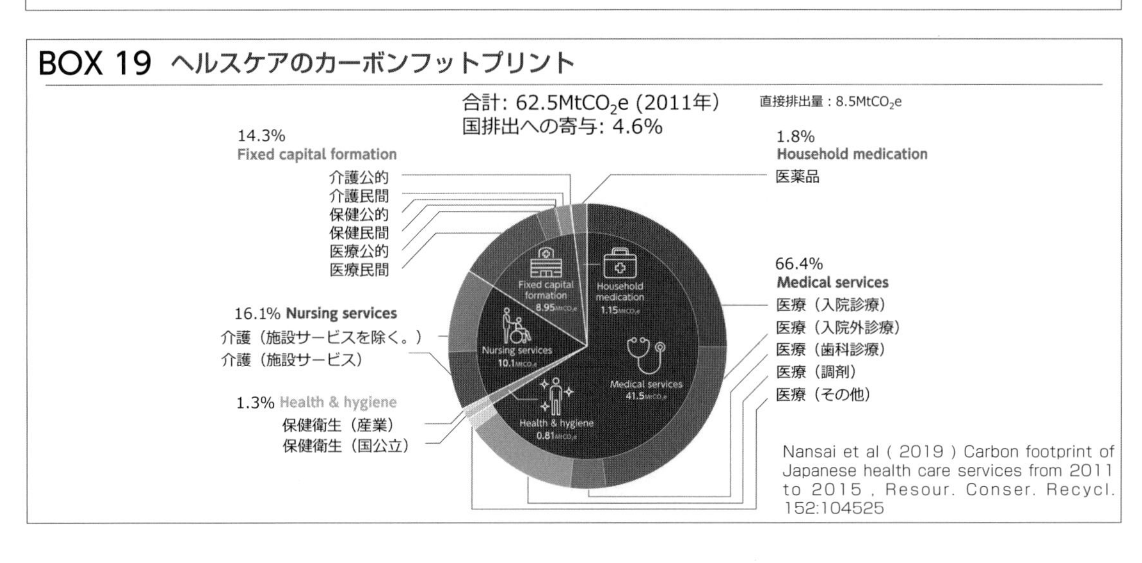

Nansai et al (2019) Carbon footprint of Japanese health care services from 2011 to 2015, Resour. Conser. Recycl. 152:104525

ヘルスケアカーボンフットプリントの構造（Box 20）

ここでは，ヘルスケアに伴うカーボンフットプリントを50トンと仮に設定して内訳を説明いたします．1つの内訳の見方は病院や医療者が直接購入するものが一体どれだけフットプリントを生み出す原因になったかを理解することができます．つまり，フットプリントの構成を直接の購入財別に分解します．例えば，医薬品の購入により18トン，電気の消費により8トン，ベッドの購入で10トン，検査機器の購入で14トンが発生し，合計50トンのフットプリントになったと内訳が分かります．直接病院が目にする商品で選択ができる商品ですから，別のメーカーの選択や納品している業者や会社の人たちと共同して排出量を減らせないかと考えることが，普段から顔を見る関係性を活かして行えます．

もう1つの見方があります．50トンのCO_2は実際にどこで発生したかで分解します．例えば，医薬品を購入しても病院でCO_2は発生するわけではありません．医薬品を作る過程で製薬会社の工場，発電所，パッケージの製紙工場などからCO_2は排出されます．この実際の排出部門別に内訳を見る利点は，どの企業の排出削減が進展すればヘルスケアのカーボンフットプリントが減るかを理解できることです．

いま，この50トンのフットプリントのうち20トンは発電所から排出されるとします．発電所は火力から再生可能エネルギーによる発電になれば，CO_2排出量が減りヘルスケアのフットプリントが小さくなると予想できます．では製薬工場はどうでしょう．仮に10トンの排出が製薬工場からあるとして，どんな技術が排出削減に予定されているでしょうか？工場が化石資源を使用するのは薬の原料や反応させるための熱の獲得のためであり，再エネによる発電に期待しても排出量が減りません．実際の排出場所にCO_2削減の見通しはあるのかを考えるために，このフットプリントの内訳は役に立ちます．技術的な排出削減の見通しがない場合，消費量そのものを下げる方法を考える必要があります．

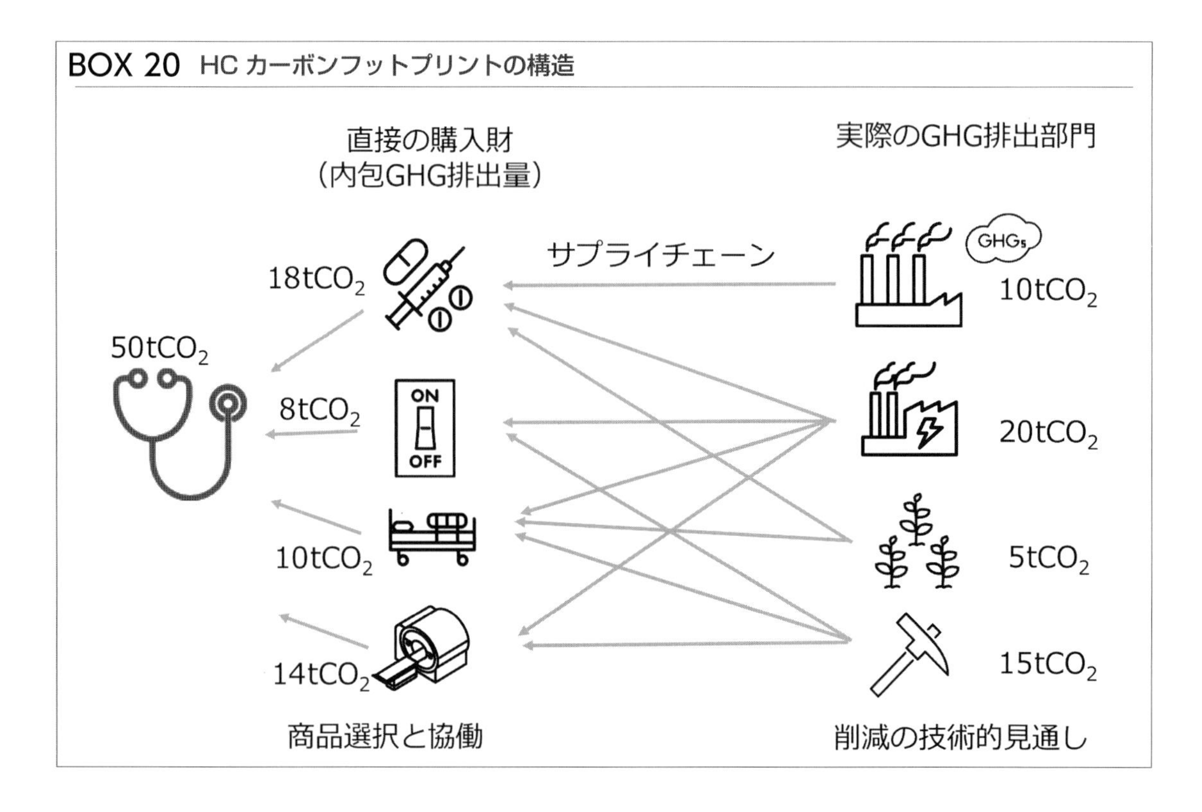

医療のカーボンフットプリントの構造（Box 21）

紹介した二つの見方に「医療サービス」のフットプリントを分解したのがBox 21の表1と表2です．表1は医療サービスのカーボンフットプリントを作る購入財のトップ10を示しています．医薬品の購入が一番大きく27%，次が電力消費の18%です．3番目が現場でのGHG排出量で，給湯や灯油での暖房等に加え，先に紹介した笑気ガスや加速器の充填ガスの使用も含まれます．それから4番目は商社を通して物を買うことが多いと思いますが，その商社の営業活動による排出です．また洗濯業と廃棄物処理業もトップ10に入ります．残りが21%ですので，この10項目をコントロールすることによって8割は減らす手立てが考えられます．

実際にどこから排出されているかを表2で見ていきましょう．35%は発電所です．排出削減の見通しは再エネ化があります．表の下段に輸送関係が続きます．先ほどの商社の人たちの活動に触れましたが，いろいろなところで輸送手段を利用していることが多いのです．では，この輸送による排出は減ってくる見込みはどうでしょうか．電気自動車が対策として思い浮かぶと思います．再エネによる発電で充電すれば排出削減になりますので，自家輸送の旅客自動車は削減が期待できます．表2の5番の道路貨物輸送は緑ナンバーのトラックです．7番の自家輸送は白ナンバーのトラックです．トラックの電気自動車化は旅客より難しく，ここはなかなか減ってはきませんので，利用を減らす取り組みが優先です．

公衆衛生のカーボンフットプリント構造（Box 22）

こちらが公衆衛生の場合です．この図を見ていただいて次に進みます．

BOX 21　医療のカーボンフットプリント構造

表1　「医療サービス」におけるGHG誘引排出が大きい購入財

Rank	Medical services	[$MtCO_2e$]	[%]
1	医薬品	11.3	27
2	事業用電力	7.54	18
3	直接GHG排出量	5.44	13
4	卸売	2.07	5.0
5	道路貨物輸送（自家輸送を除く。）	1.25	3.0
6	医療（その他の医療サービス）	1.19	2.9
7	洗濯業	1.11	2.7
8	廃棄物処理（産業）	1.01	2.4
9	不動産賃貸業	0.972	2.3
10	自家輸送（旅客自動車）	0.964	2.3
>=11		8.67	21

表2　「医療サービス」需要が誘発するGHG排出部門

Rank	Medical services	[$MtCO_2e$]	[%]
1	事業用電力	14.5	35
2	医療（入院診療）	2.50	6
3	医療（入院外診療）	2.22	5
4	自家発電	2.06	5.0
5	道路貨物輸送（自家輸送を除く。）	1.82	4.4
6	自家輸送（旅客自動車）	1.80	4.3
7	自家輸送（貨物自動車）	1.44	3.5
8	廃棄物処理（産業）	1.38	3.3
9	石油製品	1.27	3.1
10	医薬品	1.25	3.0
Others		11.3	27

BOX 22　医療のカーボンフットプリント構造

表1　「公衆衛生」におけるGHG誘引排出が大きい購入財

Rank	Health and hygiene	[$MtCO_2e$]	[%]
1	事業用電力	0.221	27
2	直接GHG排出量	0.0762	9.4
3	廃棄物処理（産業）	0.0443	5.4
4	分類不明	0.0327	4.0
5	医薬品	0.0279	3.4
6	自家輸送（旅客自動車）	0.0246	3.0
7	保健衛生（産業）	0.0238	2.9
8	ソーダ工業製品	0.0209	2.6
9	洋紙・和紙	0.0207	2.5
10	その他の無機化学工業製品	0.0196	2.4
Others		0.302	37

表2　「公衆衛生」需要が誘発するGHG排出部門

Rank	Health and hygiene	[$MtCO_2e$]	[%]
1	事業用電力	0.325	40
2	保健衛生（国公立）★★	0.0684	8.4
3	自家発電	0.0475	5.8
4	廃棄物処理（産業）	0.0436	5.4
5	自家輸送（旅客自動車）	0.0324	4.0
6	石油製品	0.0273	3.3
7	道路貨物輸送（自家輸送を除く。）	0.0233	2.9
8	自家輸送（貨物自動車）	0.0222	2.7
9	分類不明	0.0162	2.0
10	廃棄物処理（公営）★★	0.0151	1.8
Others		0.193	24

介護サービスにおけるカーボンフットプリント構造（Box 23）

高齢化で需要がさらに伸びる介護サービスのフットプリントの内訳です．表1に見るように直接の現場での排出，施設の調理と暖房が排出の一番です．寒い地域ですと灯油などで直接的に排出されます．次に電力が大きいです．これで半分を占めます．それから送り迎え関係の自家輸送です．あとは飲食サービス，外注されているところと施設内で作っているところがあります．8番の精穀というのはお米の生産に伴う排出ですが，これは日本独特で，お米はメタンとN_2Oの発生源にもなっていますし，お米の乾燥にエネルギーを使います．

「医療系固定資本」におけるGHG誘引排出が大きい購入財（Box 24）

表1のように，非住宅建築（非木造），病院や施設を作ることが固定資本による排出の半分以上を占めます．医療用機械器具と続きます．問題なのはこれらがどういう産業の排出を誘発するかです．表2をご覧ください．医療サービスでは発電所が多いので，再生可能エネルギーによる発電を進めば排出削減が進むと言いました．しかし，固定資本形成では発電所の寄与は19%です．建物を建てるのには鉄とセメントを使います．そのため，2番目に銑鉄，3番目はセメント生産の排出です．鉄は石炭を原料とするコークスを使って鉄鉱石を還元して作ります．同様にセメントも原料に炭酸カルシウムである石灰石を入れて熱をかけるので分解されてCO_2が出ます．こうした電化による代替ができないプロセスからのCO_2の排出を減少させる確固たる技術がありません．医療系固定資本のフットプリントが減る技術的見通しは明るくはありません．

BOX 23　医療のカーボンフットプリント構造

表1　「介護サービス」におけるGHG誘引排出が大きい購入財

Rank	Nursing services	[MtCO$_2$e]	[%]
1	直接GHG排出量	2.83	28
2	事業用電力	2.66	26
3	自家輸送（旅客自動車）	0.379	3.8
4	飲食サービス	0.368	3.7
5	廃棄物処理（産業）	0.279	2.8
6	洗濯業	0.276	2.7
7	下水道★★	0.208	2.1
8	精穀	0.183	1.8
9	紙製衛生材料・用品	0.181	1.8
10	自家輸送（貨物自動車）	0.172	1.7
Others		2.53	25

表2　「介護サービス」需要が誘発するGHG排出部門

Rank	Nursing services	[MtCO$_2$e]	[%]
1	事業用電力	3.49	35
2	介護（施設サービスを除く。）	1.55	15
3	介護（施設サービス）	1.27	13
4	自家輸送（旅客自動車）	0.409	4.1
5	自家発電	0.335	3.3
6	廃棄物処理（産業）	0.316	3.1
7	自家輸送（貨物自動車）	0.307	3.0
8	石油製品	0.232	2.3
9	道路貨物輸送（自家輸送を除く。）	0.215	2.1
10	米	0.177	1.8
Others		1.75	17

BOX 24　医療のカーボンフットプリント構造

表1　「医療系固定資本」におけるGHG誘引排出が大きい購入財

Rank	Fixed capital formation	[MtCO$_2$e]	[%]
1	非住宅建築（非木造）	4.98	56
2	医療用機械器具	0.939	10
3	その他の土木建設	0.536	6.0
4	電子応用装置	0.433	4.8
5	卸売	0.361	4.0
6	乗用車	0.328	3.7
7	非住宅建築（木造）	0.264	3.0
8	冷凍機・温湿調整装置	0.254	2.8
9	情報サービス	0.118	1.3
10	道路貨物輸送（自家輸送を除く。）	0.118	1.3
Others		0.617	6.9

表2　「医療系固定資本」需要が誘発するGHG排出部門

Rank	Fixed capital formation	[MtCO$_2$e]	[%]
1	事業用電力	1.73	19
2	銑鉄	1.44	16
3	セメント	1.18	13
4	道路貨物輸送（自家輸送を除く。）	0.41	4.6
5	自家輸送（旅客自動車）	0.406	4.5
6	冷凍機・温湿調整装置	0.406	4.5
7	自家輸送（貨物自動車）	0.375	4.2
8	自家発電	0.293	3.3
9	石炭製品	0.260	2.9
10	石油製品	0.193	2.2
Others		2.25	25

ヘルスケアカーボンフットプリントの疾患別寄与（Box 25）

医療サービスのカーボンフットプリントを医科診療費による金額で配分してみました．医療費がかかっているものが大きいフットプリントになります．循環器系疾患の治療による排出量が大きいです．次が新生物になります．当然ながら65歳以上の高齢者のほうが患者は多く排出量が大きいです．これは医療費による分配ですので，この数字自身を細かく議論するのは建設的ではありませんが，このようにして病気の種類によってどのくらいフットプリントが生じるのかを適切に数値化できれば，どういう疾患の発生を減らすことがカーボンニュートラル社会をより牽引するのかが分かります．さらに治療方法別にカーボンフットプリントが分かるようデータが集まれば，排出の大きい治療プロセスの改善方法を考える材料になります．

提言：

疾患別排出量を数値化することは，カーボンニュートラルと病気との対策との接点を考察する際に有効ではないでしょうか．

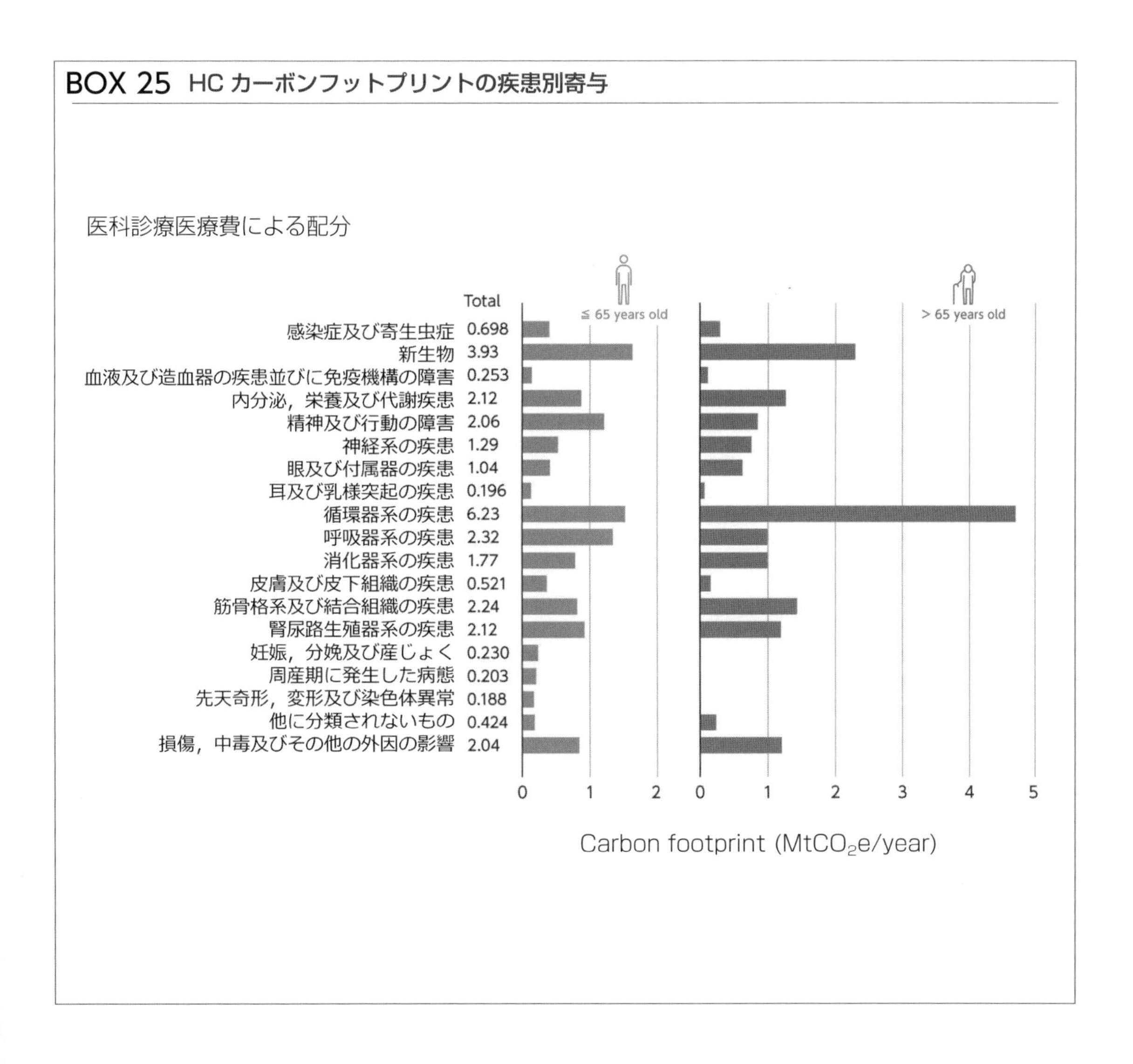

BOX 25　HC カーボンフットプリントの疾患別寄与

ヘルスケアカーボンフットプリントの疾患別寄与（Box 26）

同じような医療サービスのフットプリントの医療費よる配分を行って，入院治療と通院治療の場合の一人当たりの年間フットプリントに直しました．数字の精度は議論できないとしても，濃い色の線が通院治療，薄いグレーが入院治療による場合のフットプリントですが，両者の差は有意だろうと思います．疾病による違いはありますが，平均値でみると入院した場合一人当たり年間12トン，通院で済めばその1/6の約2トンです．

提言：

入院と通院の排出量の差は確実に生じるので，重症化させないことへの対策は温室効果ガスの削減に有効です．

BOX 26 HCカーボンフットプリントの疾患別寄与

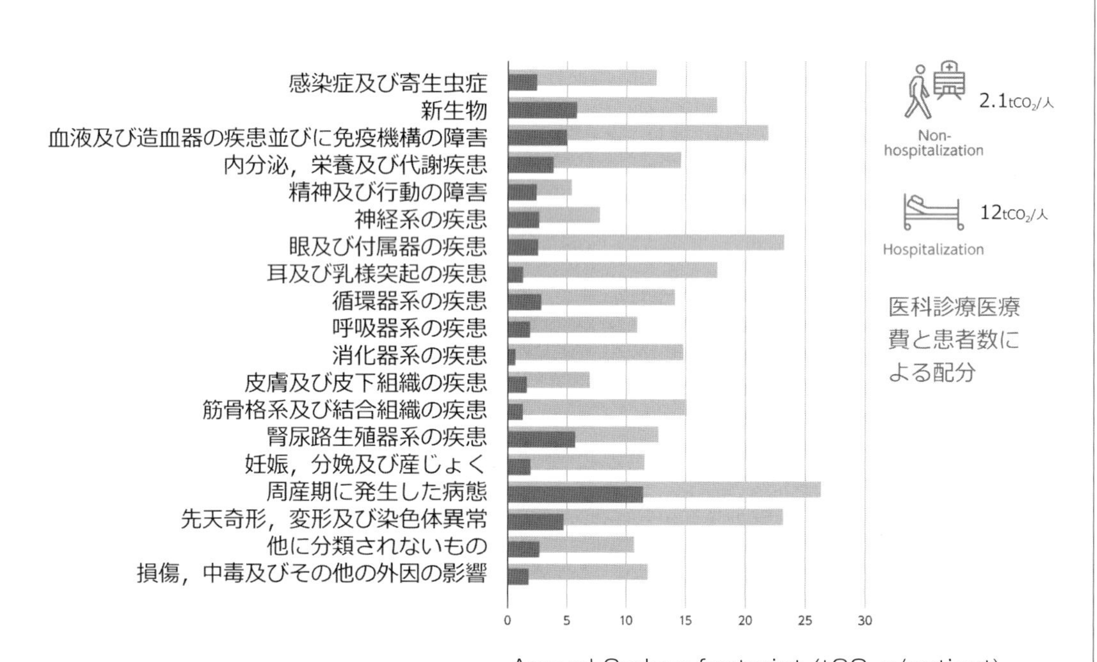

Nansai et al (2019) Carbon footprint of Japanese health care services from 2011 to 2015, Resour. Conser. Recycl. 152:104525

ヘルスケアカーボンフットプリントの時系列変化（Box 27）

2011年を対象にした推計では，日本のヘルスケアに伴う排出量は6,250万トン，総排出量の4.6%に相当すると述べました．2015年までの経年変化を見ると漸増しています．この要因は医療需要もありますが，2011年の地震後の発電の排出係数が高くなったことがあります．

国外排出と国際比較（Box 28）

日本のヘルスケアは総排出量の5%と言いましたが，これは国内の排出です．海外への誘発する排出量を推計した論文です.左のグラフを読むと，日本は国内排出量を約1.4倍すると海外への排出も含めて必要となるヘルスケアのCO_2排出量になるようです．石油石炭などの化石燃料だけでなく，医薬品や医療機器も多く輸入しています．パリ協定では国内の排出を下げることを目指しながらも，輸入品を見たときに国外にも無視できない量の排出があることを思い出して下さい．右側のグラフは人口一人当たりのヘルスケアのカーボンフットプリントの国際比較です．

オーストラリアのヘルスケアカーボンフットプリント（Box 29）

ここからは海外の研究事例を簡単に紹介していきます．オーストラリアは国全体のCO_2の7%をヘルスケア需要による排出が占めます．医薬品が2割で，こちらも固定資本形成による排出が8%と主要な排出要因の一つになっています．

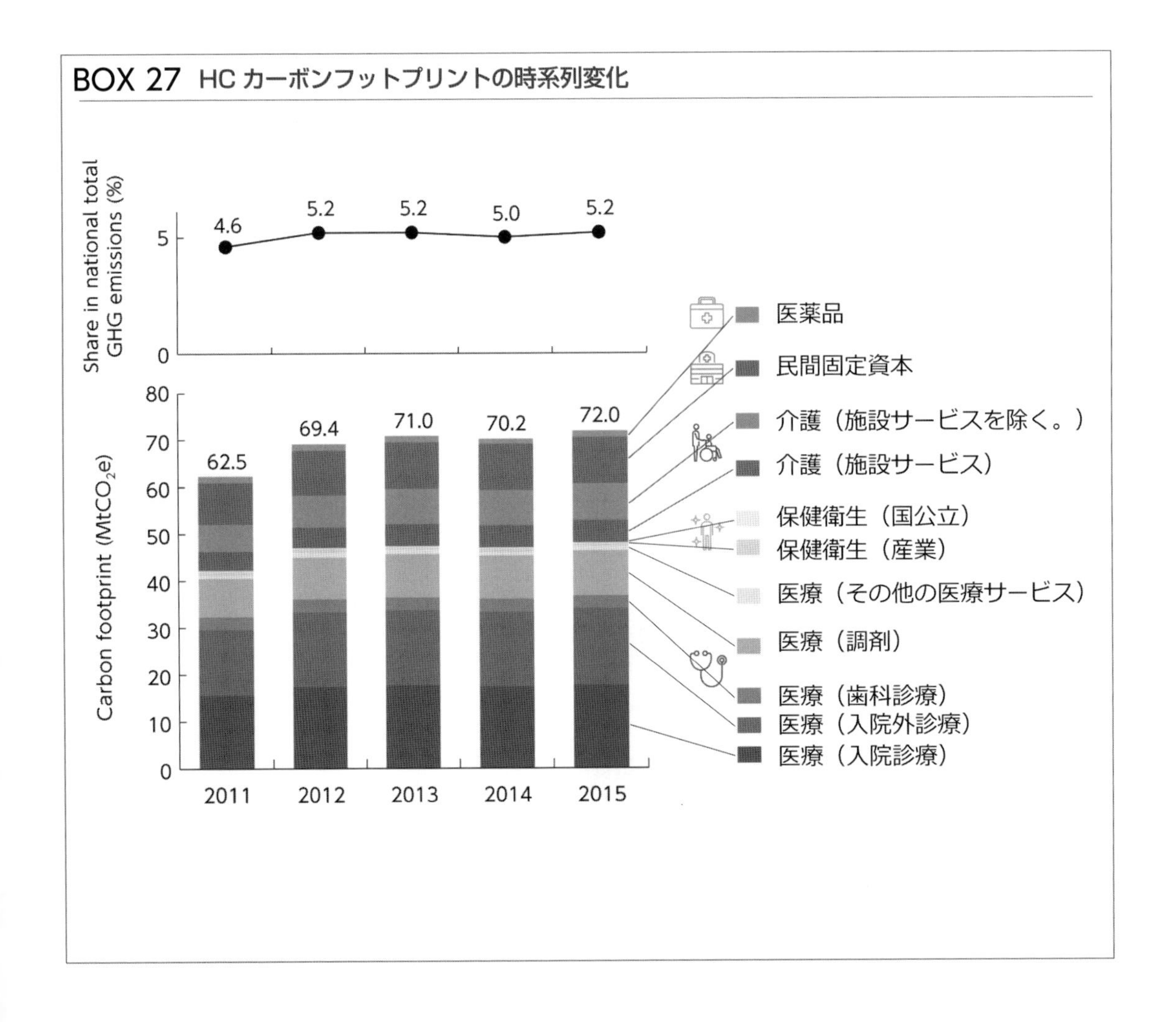

BOX 28 HC カーボンフットプリントの時系列変化

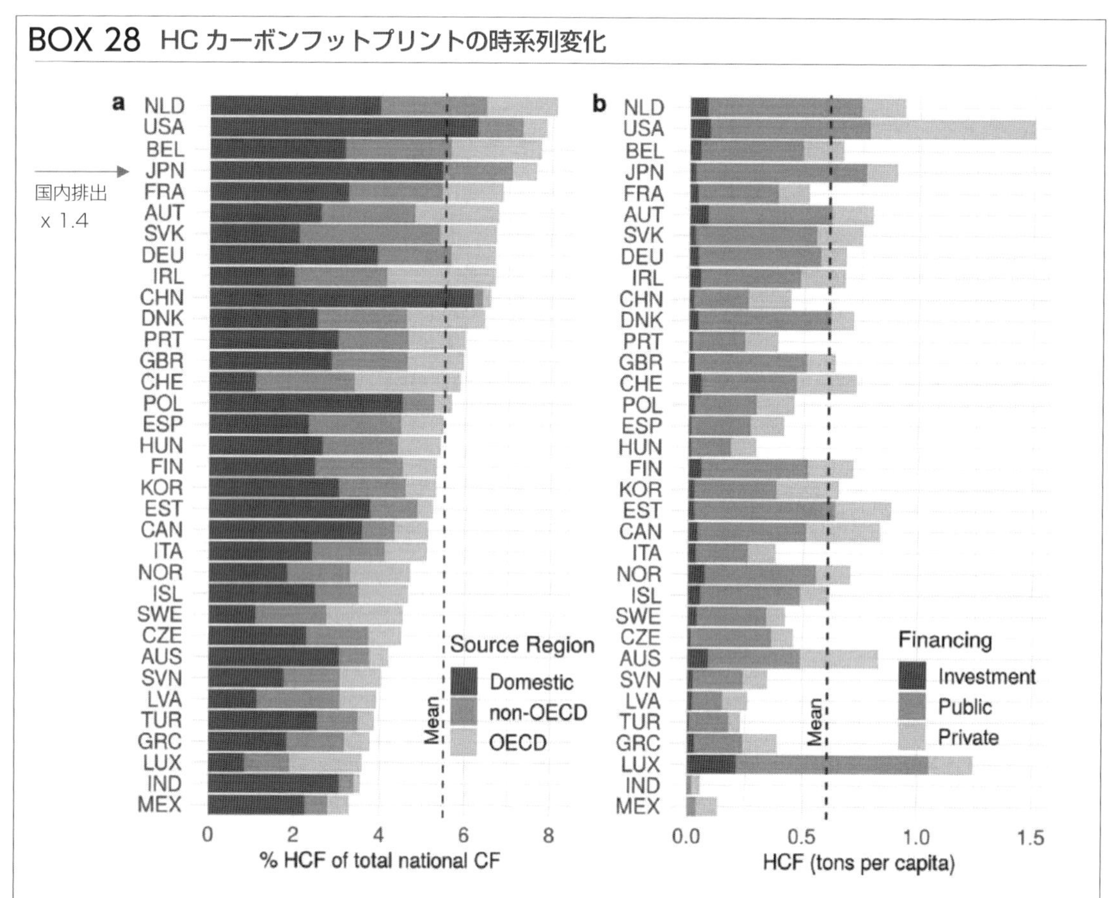

Figure 1. Health carbon footprint (HCF) as percentage of national carbon footprint (CF) grouped by region where the emissions occurred (a) and health carbon footprint per capita grouped by financing scheme (b) in 2014, for all available countries in 2014.

Source) Pichler, P.-P., et al., International comparison of health care carbon footprints. Environmental Research Letters, 2019. 14(6).

BOX 29 オーストラリアのHC カーボンフットプリント

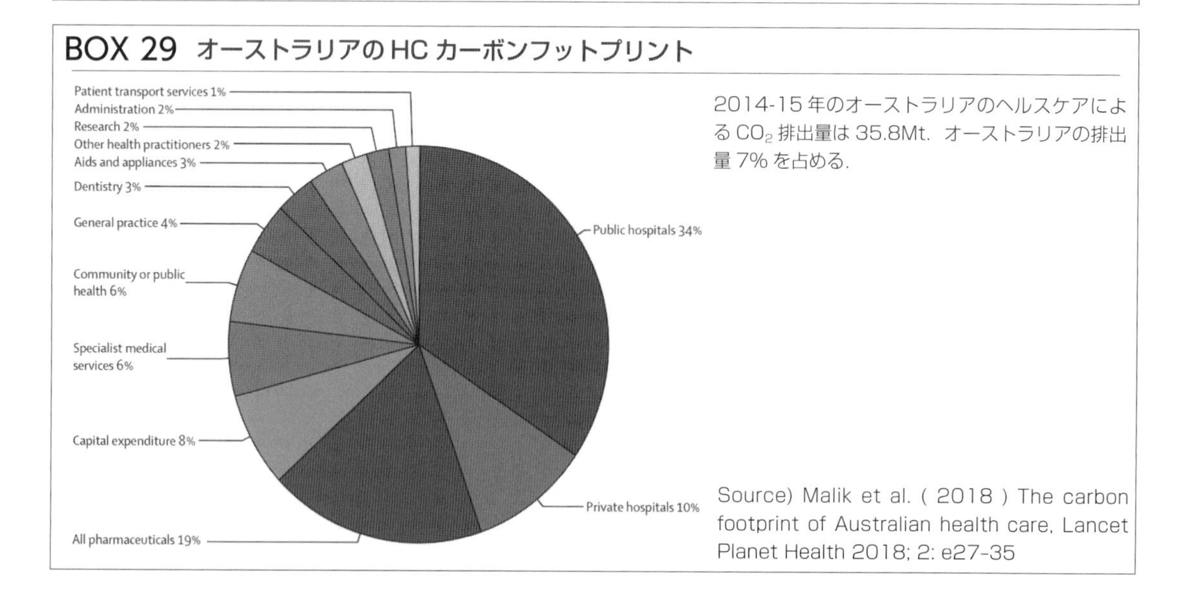

2014-15 年のオーストラリアのヘルスケアによる CO_2 排出量は 35.8Mt．オーストラリアの排出量 7% を占める．

Source) Malik et al. (2018) The carbon footprint of Australian health care, Lancet Planet Health 2018; 2: e27-35

米国のヘルスケアカーボンフットプリント（Box 30）

米国は，ヘルスケアによる排出は総排出の 8.5%です．2018 年で 55,400 万トンですから日本の 9倍近い大きさです．この図で Scope 1, 2, 3 とありますが，Scope 1 は病院からの直接排出，Scope 2 は電力消費による排出，Scope 3 は医薬品や医療機器を含むヘルスケアに必要な財やサービスによる排出です．Scope 3 の割合が大きく，病院外の活動に対して働きかけなければ排出量は下がりません．

英国のヘルスケアカーボンフットプリント（Box 31）

こちらは Lancet Planetary Health 誌に最近載った論文ですが，日本を含め他の国は排出量が下がっていないのに，英国だけは違っています．英国はだいぶ早めにヘルスケアのカーボンフットプリントを減らすと宣言していますし，対策のガイドラインも作っています．そうした早期の活動が結果として現れているのかもしれません．この図の中で，麻酔と MDI*，水消費と廃棄物の改善がフットプリントを下げてきた理由です．

＊ 本誌付録　梶有貴「理解を深める用語集」の温室効果ガスの項を参照

オーストリアのヘルスケアカーボンフットプリント（Box 32）

欧州のオーストリアは国全体の 7 %がヘルスケア需要によるものです．先進国は似た割合を示しますね．やはり固定資本は無視できず，フットプリントの 9%を形成します．施設を建てるのは，どの国でも大きな排出につながることを裏付けています．

BOX 30　米国の HC カーボンフットプリント

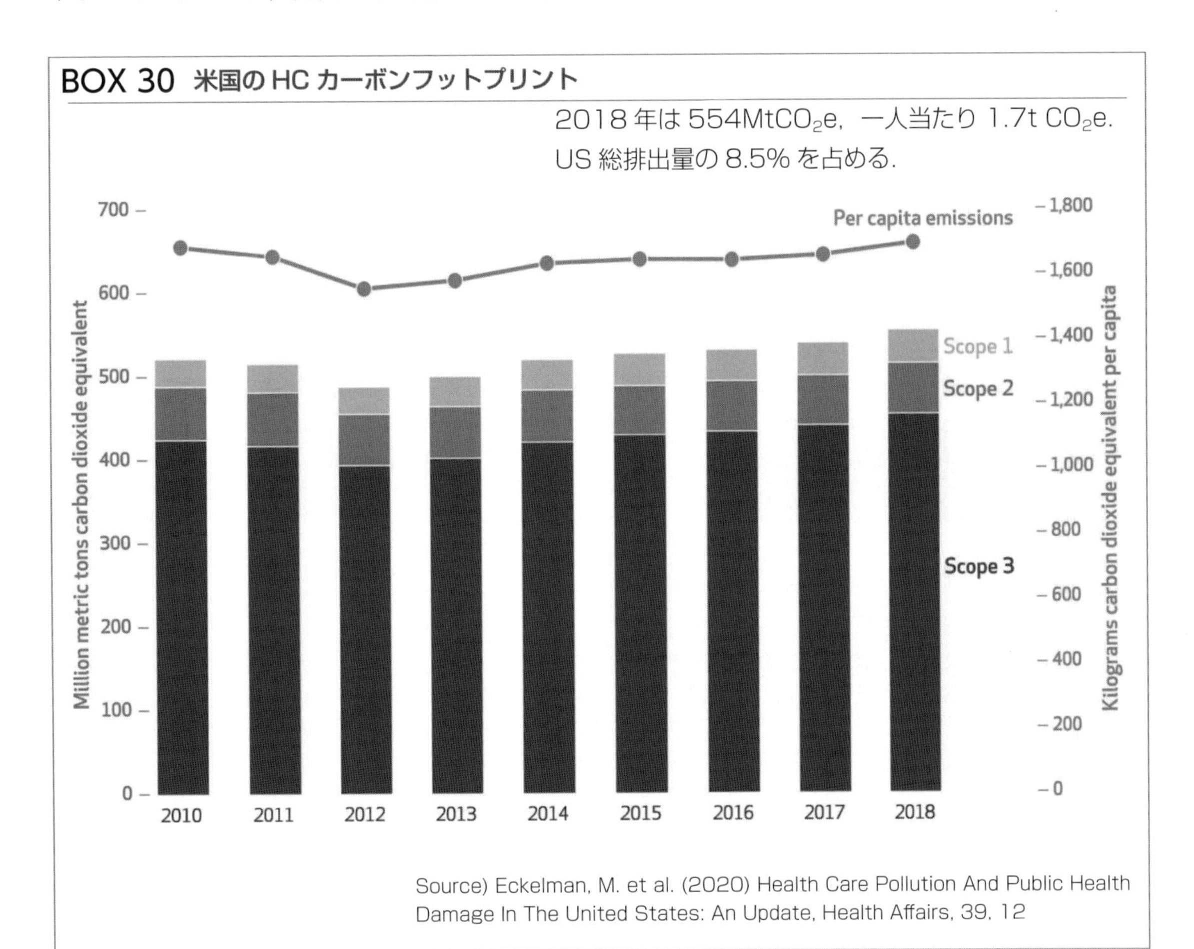

Source) Eckelman, M. et al. (2020) Health Care Pollution And Public Health Damage In The United States: An Update, Health Affairs, 39, 12

BOX 31 英国の HC カーボンフットプリント

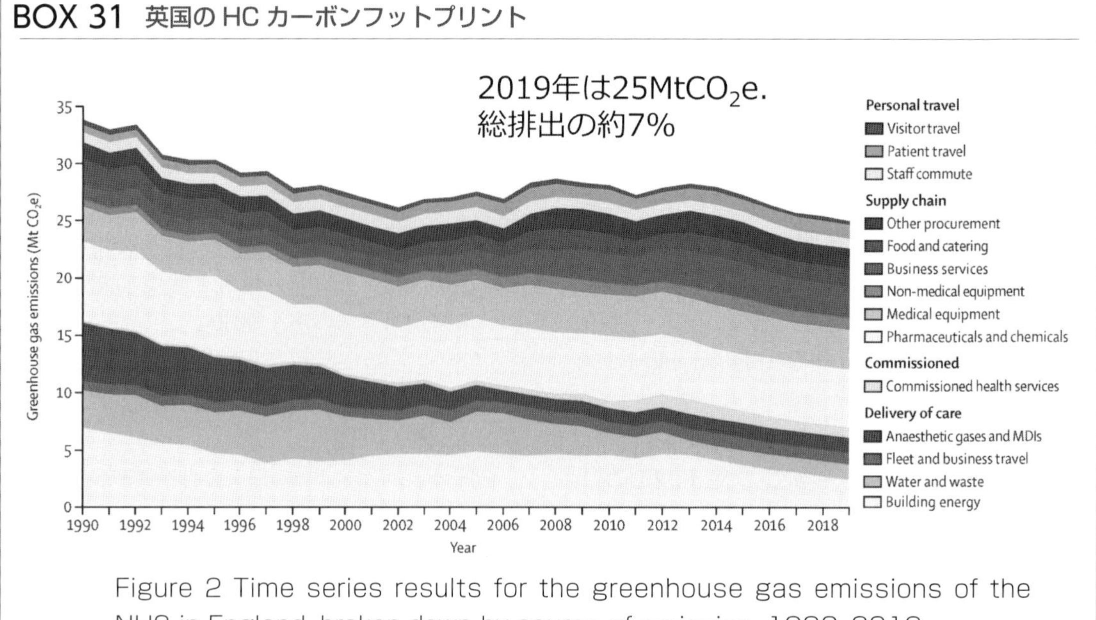

Figure 2 Time series results for the greenhouse gas emissions of the NHS in England, broken down by source of emission, 1990-2019

Source) Tennison et al. (2021) Health care's response to climate change: a carbon footprint assessment of the NHS in England, The Lancet Planetary Health, 5, 2, e84-e92.

BOX 32 オーストリアの HC カーボンフットプリント

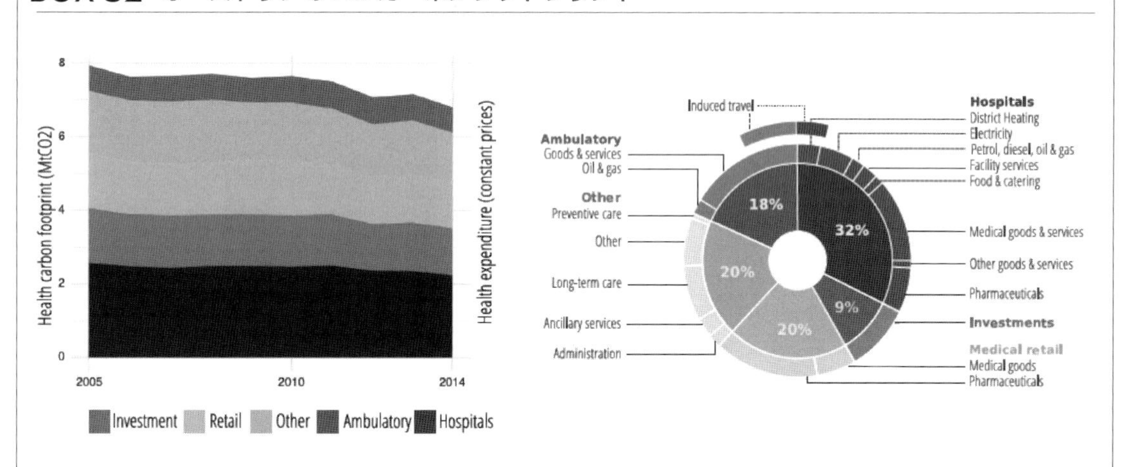

2010 年のオーストリアのヘルスケアセクターの CO_2 フットプリントを，ヘルスケアプロバイダーと投資（内輪）の SHA カテゴリーに分類したもの. 小カテゴリはその他にまとめられている（2.1 節）. 外来と病院（外輪）のカテゴリーでは，直接的なエネル ギー消費と移動による排出（外輪）も報告されている（2.2 節と 2.5 節）. 病院は，消費される財・サービス別にさらに細分化されている（2.3 節）.

6.8MtCO_2 in 2014 (全体の 7% を占める)

Source) Weisz et al. (2020) Carbon emission trends and sustainability options in Austrian health care, Recour. Conserv. Recycl. 160, 104862.

中国のヘルスケアカーボンフットプリント(Box 33)

中国は国の温室効果ガス排出量自身が世界で一番大きく，医療需要の排出量は相対的に小さく2%の寄与です．

スイスの10医療施設でのカーボンフットプリント分析（Box 34, 35, 36）

先ほどの事例は統計とモデルによるマクロな推計ですが，スイスで10医療施設においてデータを取ってカーボンフットプリントを計算した研究がありました．今回いただいた事前質問にも「患者さんやスタッフの移動の排出はどうですか？」というご質問ありました．この10施設の調査のカーボンフットプリントの全体の33.2%が患者さんの移動です．ただし，この調査には医薬品が入っていないので，先ほどの事例とは割合で直接比較することはできません．さて，スタッフの移動については患者さんの移動の約1/3の排出です．それから血液サンプルの運搬も1割を占めます．意外に包帯，採血器具，手袋などは5.5%です．全国的なマクロの数字だけでなく，各施設の状態を調べてみることで優先すべき効果的な対策が発見しやすくなります．

BOX 33 中国のHCカーボンフットプリント

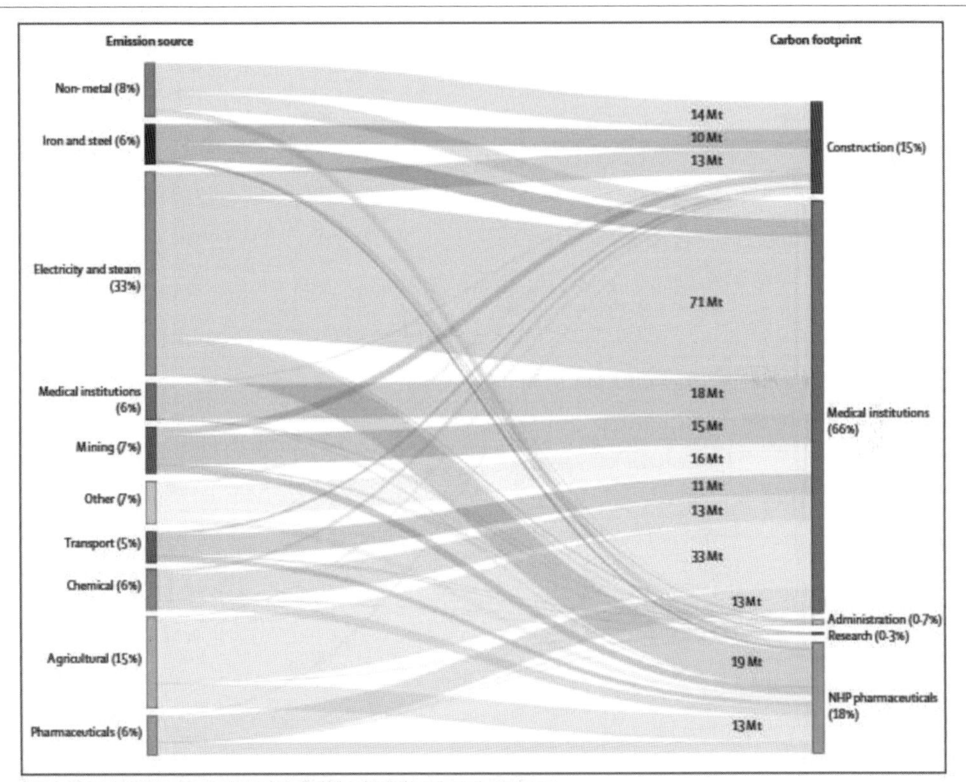

Figure 1: Emission sources of the carbon footprint of the Chinese health-care system, 2012
The five medical institution categories were amalgamated. The unit of the absolute numbers is megatonnes CO_2e emissions (Mt). The data used to generate this figure are available in the appendix (p 3). NHP=non-hospital purchased.

2012年は315MtのCO_2排出量．
中国の総GHG排出量11,741Mtの2%に相当．

Source) Wu, R., The carbon footprint of the Chinese health-care system: an environmentally extended input-output and structural path analysis study. The Lancet Planetary Health, 2019. 3(10): p. e413-e419.

BOX 34 スイスの 10 医療施設での CF 分析

Table 2 Practices characteristics

	Minimum	Maximum	Average practice
Premises surface	107 m^2	600 m^2	**207 m^2**
Number of non-physician staff (full-time equivalent)	0.8 pers.	4 pers.	**2 pers.**
Number of physician staff (full-time equivalent)	0.8 pers.	3.5 pers.	**2 pers.**
Consultations provided annually by practice	1558	10'560	**6273**
Internal laboratory	8 out of 10 practices had one		**Yes**
Internal X-ray device	4 out of 10 practices had one		**Yes**
Ownership / rental	4 out of 10 own their practice		**Ownership**

Source) Nicolet et al. What is the carbon footprint of primary care practices? A retrospective life-cycle analysis in Switzerland. Environmental Health (2022) 21:3

BOX 35 スイスの 10 医療施設での CF 分析

Table 3 Yearly carbon footprint of the average practice

Rank	Domain	Sub-domain	Carbon footprint CO_2eq kg	Proportion by domain	Proportion of total footprint
1	**Patient mobility**		**10145**	100%	**33.2%**
2	**Heating system**		**9106**	100%	**29.8%**
3	**Staff mobility**		**3816**	100%	**12.5%**
4	**Courier mobility**		**2997**	100%	**9.8%**
		Regular couriers (blood samples)	638	21.2%	
		On-call couriers (blood samples)	1747	58.0%	
		On-call couriers (special waste)	613	20.4%	
5	**Medical consumables**		**1678**	100%	**5.5%**
		Bandages and compresses	1051	62.6%	
		Blood sampling materials: needle, tube, etc.	211	12.5%	
		Bed sheets (paper)	147	8.7%	
		Gloves	73	4.3%	
		Urinary rapid test	39	2.3%	
		Disinfectant	33	1.9%	
		Others, e.g.: mask, scalpel, swab test, shot material, tongue depressor, electrode, oxygen bottle	124	7.3%	

Source) Nicolet et al. What is the carbon footprint of primary care practices? A retrospective life-cycle analysis in Switzerland. Environmental Health (2022) 21:3

BOX 36 スイスの 10 医療施設での CF 分析

Rank	Domain	Sub-domain	Carbon footprint CO_2eq kg	Proportion by domain	Proportion of total footprint
6	**Non-medical equipment**		**1239**	100%	**4.1%**
		Computer - 4 yr. of use	714	57.5%	
		Furniture: desk, chair, cupboard, etc. - 10 yr. of use	234	19%	
		Telephone - 3 yr. of use	212	18.8%	
		Printer - 5 yr. of use	74	5.9%	
		Other electronic devices	6	0.4%	
7	**Waste**		**491**	100%	**1.6%**
		General waste	321	65%	
		Special waste (radioactive)	164	33%	
		Paper waste	6	1%	
8	**External laboratory analysis**		**370**	100%	**1.2%**
9	**Non-medical consumables**		**338**	100%	**1.1 %**
		Paper	117	34.7%	
		Toner /ink	79	23.5%	
		Paper towels	77	22.9%	
		Postal service	64	18.9%	
10	**In-house laboratory**		**152**	100%	**0.5%**
11	**Medical equipment**		**110**	100%	**0.4%**
		Examination beds - 20 yr. of use	87	78.8%	
		Tensiometers - 5 yr. of use	16	14.2%	
		Electrocardiogram device, thermometer, tuning fork, glucometer, otoscope, scale, dermatoscope, flashlight, stethoscope, demonstration models	8	7.1%	
12	**Electricity**		**95**	100%	**0.3%**
	TOTAL		**30,538**		**100%**

Note**: In-house x-ray emission are included in electricity and medical equipment**

Source) Nicolet et al. What is the carbon footprint of primary care practices? A retrospective life-cycle analysis in Switzerland. Environmental Health (2022) 21:3

サプライチェーンの3つのスコープ（Box 37）

医療サービスのカーボンフットプリントは病院の外で生じる排出量が多いのですが，大手企業では会社からの排出だけでなく，事業を営むに当たって取引先からも排出される排出量の全部カウントする「スコープ3排出量」の計算と開示を求められています．その開示はNGOで評価されて公開されています．

CDPによる情報開示（2021年報告）（Box 38, 39, 40）

CDP*というNGO（Non-governmental Organization：非政府組織）が英国に本部あり，日本にも支部があります．CDPでは世界のトップ企業に対して，「自社の活動の炭素排出を十分管理していますか？」そして「排出量はスコープ1と2だけでなくスコープ3まで見ていますか？」それから「SBT（science-based target）と呼ばれる，気候1.5度目標や2度目標の対してどのような対策をする計画か？」などを質問しています．（Box 38）

＊ CDP：イギリスで設立された国際的な環境非営利団体（NGO）．2000年に発足した当初は「カーボン・ディスクロージャー・プロジェクト（Carbon Disclosure Project）」が正式名称だった．現在は，炭素（カーボン）以外にも水セキュリティ，フォレストも対象になったことから，略称のCDPを正式名称としている．

BOX 37　サプライチェーンの3つのスコープ

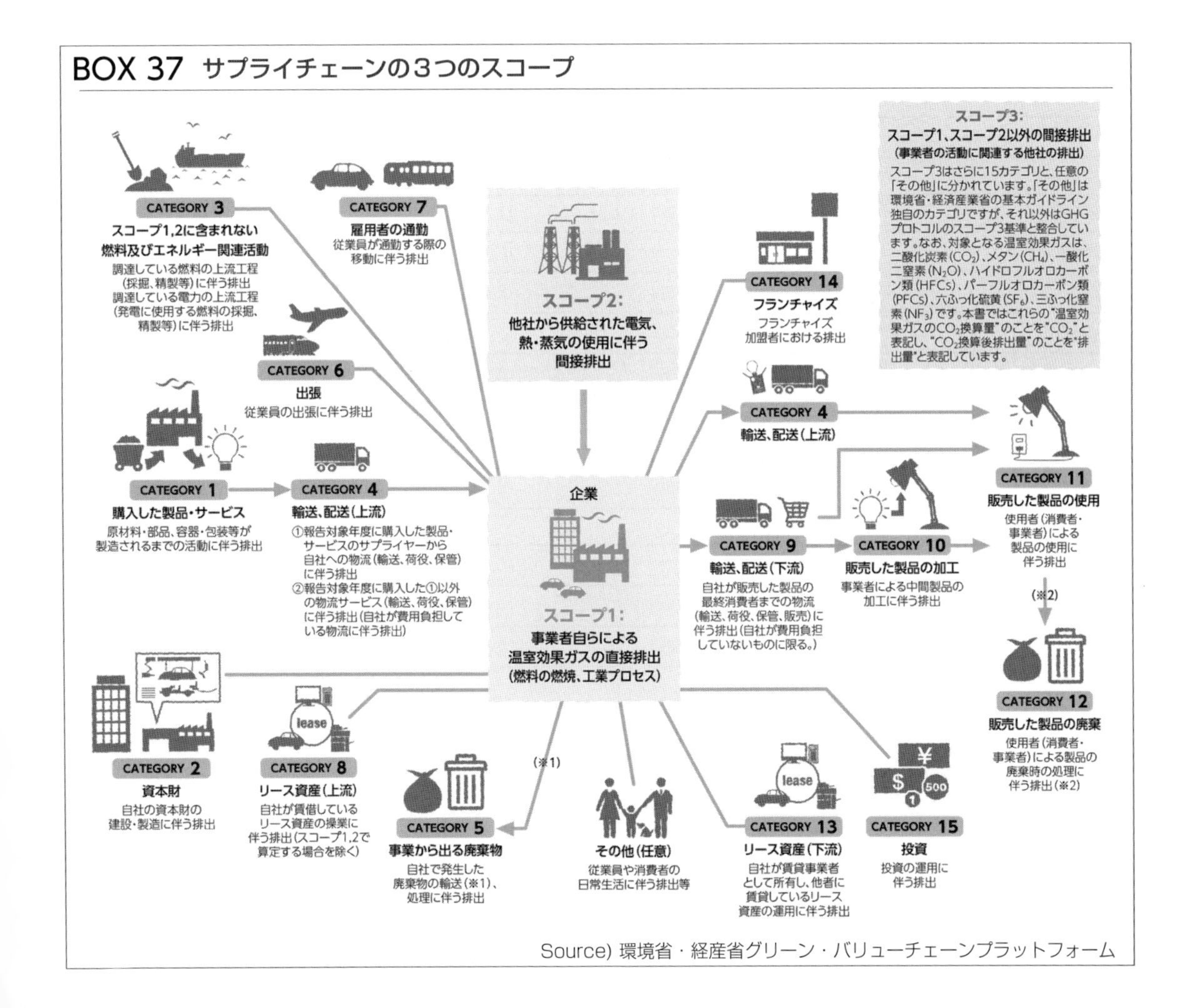

Source) 環境省・経産省グリーン・バリューチェーンプラットフォーム

BOX 38 CDP 気候変動レポート 2021 による ESG（環境，社会，ガバナンス）機関投資家向けの情報開示評価

	質問セクター[b]	2021スコア[c]	2020スコア[d]	スコープ1排出量[e]	スコープ2排出量[f]	スコープ3排出量回答数[g]	SBT設定[h]	その他気候関連目標[i]	カーボン・プライシング施策[j]	インターナル・カーボン・プライシング[k]	シナリオ分析の導入[l]
バイオ技術・ヘルスケア・製薬セクター											
HOYA	一般	C	D	16374	L:389802	0	No	No	No	No	2years
JCRファーマ	一般	F									
朝日インテック	一般	F	F								
アステラス製薬	一般	B	A-	63276	M:59320	15	2° C	Other	Yes	Yes	定性
エーザイ	一般	A-	B	45022	L:38175 M:36561	15	2° C	低炭素エネ	No	2years	定量・定性
大塚ホールディングス	一般	A-	A-	368555	L:429264 M:337480	15	2° C	NZ	Yes	Yes	定性
小野薬品工業	一般	A	A	10136	L:15666 M:16009	15	1.5° C	NZ 低炭素エネ	Yes	Yes	定量
オリンパス	一般	B	A-	27495	L:70119 M:63161	15	(1.5° C)	NZ 低炭素エネ	Yes	2years	定量・定性
科研製薬	一般	F	F								
キッセイ薬品工業	一般	F	N/S								
協和発酵キリン	一般	SA	SA				SA				
キョーリン製薬ホールディングス	一般	D-	D-	27041		0	No	No	No	No	N/A
サイバーダイン	一般	F	F								
サワイグループホールディングス	一般	B		18870	L:46845 M:42083	14	Other	No	No	No	N/A
沢井製薬	一般	SA	C				SA				
参天製薬	一般	B	C	14847	L:16473	14	1.5° C	No	No	No	定量・定性
塩野義製薬	一般	A-	A-	37537	L:44193 M:37802	15	1.5° C 2° C	NZ	Yes	Yes	定性 (+定量)
シスメックス	一般	A-	B-	4034	L:20586 M:15476	15	(2° C)	No	No	No	定量・定性
島津製作所	一般	B	C	2430	L:42262 M:31400	13	WB2° C	低炭素エネ	Yes	No	定性
第一三共	一般	A	A	86785	L:113383 M:96080	15	WB2° C	Other	Yes	Yes	定量・定性
大正製薬ホールディングス	一般	F	F								
大日本住友製薬	一般	B	A-	19514	L:34567	14	2years	No	No	Yes	2years
武田薬品工業	一般	A-	A	302500	L:288000 M:0.0	15	1.5° C	Other	Yes	Yes	定量・定性
田辺三菱製薬	一般	SA	SA				SA				
中外製薬	一般	A	A-	42771	L:59935	15	(1.5° C) (2° C)	No	Yes	No	定量
ツムラ	一般	B-	C	37632	L:40903 M:57268	10	目標なし	No	3years	2years	2years
テルモ	一般	B	B	62085	L:224643 M:212031	15	WB2° C	No	No	2years	定量
日本新薬	一般	B-	B-				非公表				
ニプロ	一般	F	F								
日本光電工業	一般	C	B-	6664	L:9627	14	(1.5° C)	NZ	No	2years	2years
久光製薬	一般	F	F								
マニー	一般	N/S				0	目標なし	No	N/A	N/A	N/A
メニコン	一般	F									
持田製薬	一般	F	F								
ロート製薬	一般	F	F								

https://japan.cdp.net/

その質問状に回答のない企業には6段階のうちの最低評価のFとします．気候変動に対して先進的に取り組む企業には最高のA評価をします．これがどういう意味を持つのでしょうか．CDPはこのリポートを一般の消費者向けではなく，ESG（環境，社会，ガバナンス）を行う機関投資家向けにこの情報を提供しています．機関投資家というのは，日本ですとGPIF*のような年金を扱う金融機関や銀行に提示し，ESG投資に値する企業であるかの判断材料として活用されることを目的としています．

* GPIF：Government Pension Investment Fundの略で，日本の年金積立金管理運用独立行政法人のこと．預託された公的年金積立金の管理，運用を行っている．

最新の2021年報告された日本企業のバイオ技術，ヘルスケア，製薬セクターの結果です．A評価を取るのは非常に難しいです．皆さんよくお付き合いのある会社もあると思います．

バイオ技術・ヘルスケア・製薬セクターの中では世界で9社だけがA評価を得ています．そのうち日本の3社が入っています．先ほど医薬品に伴うフットプリントが大きいと言いましたが，こうした企業の気候変動に対する取り組みの状態を知ることによって，メーカーの選択や対策への要求の根拠が明確になります．

提言：

気候変動への取り組みを高く評価されている会社に対して「すごいですね」とほめることは社員の方にとっても嬉しい顧客からの声になるでしょう．逆に不十分な評価のところに「気候変動への取り組みやっていないんですか？」と言って，機関投資家だけでなく私たちも気にしていますという態度を皆さん見せていただくだけでも，ヘルスケアのカーボンフットプリントを下げる行動に繋がると私は思います．ぜひこのCDPリストをご覧ください．

消費側から見たGHG排出と削減オプション（Box 40）

ヘルスケアを含めて一人の消費からどれくらい温室効果ガスを生じるかを都市別に計算した結果，つまり消費のカーボンフットプリントを紹介します．水戸市の場合，消費のカーボンフットプリントは一人当たり年間約8.5トンです．2030年にはこの値を3トンにまで削減する必要があります．現在2022年ですから，あと8年で半分以上の約5.5tトンの削減です．この8.5トンのフット

BOX 39　CDPによる情報開示（2021年報告Aリスト）

バイオ技術・ヘルスケア・製薬セクター	
小野薬品工業	Japan
第一三共	Japan
中外製薬	Japan
AstraZeneca	UK
Bayer AG	Germany
Koninklijke Philips NV	Netherlands
Lundbeck A/S	Denmark
Novo Nordisk A/S	Denmark
SANOFI	France

プリントの主要な要因は，住居，移動，食に関する消費です．

提言：

食については，医療関係の皆様は「健康に良いもの」を薦めると思います．そのとき「肉よりは野菜，なかでも季節の野菜が自身の体にも環境にも良いですよ」と伝えてください．温室栽培のものは大変エネルギーを使用します，温室の熱量を再生可能エネルギーで賄うのはまだ非常に難しく，排出削減は容易ではないのです．

もう一つ大事なことは，温暖化対策から見れば食だけに関心を狭めてはいけないということです．スイスの分析で患者移動の排出の例もありましたが，自動車から排出の他，衣服，家電の消費によるフットプリントも大きいのです．このようなフットプリントの原因についてバランス感覚が大事です．食の説明をすると食だけに関心が行ってしまいがちですが，外食を含め消費のフットプリントの2割程度をカバーするだけです．

BOX 40 消費側から見たGHG排出と削減オプション

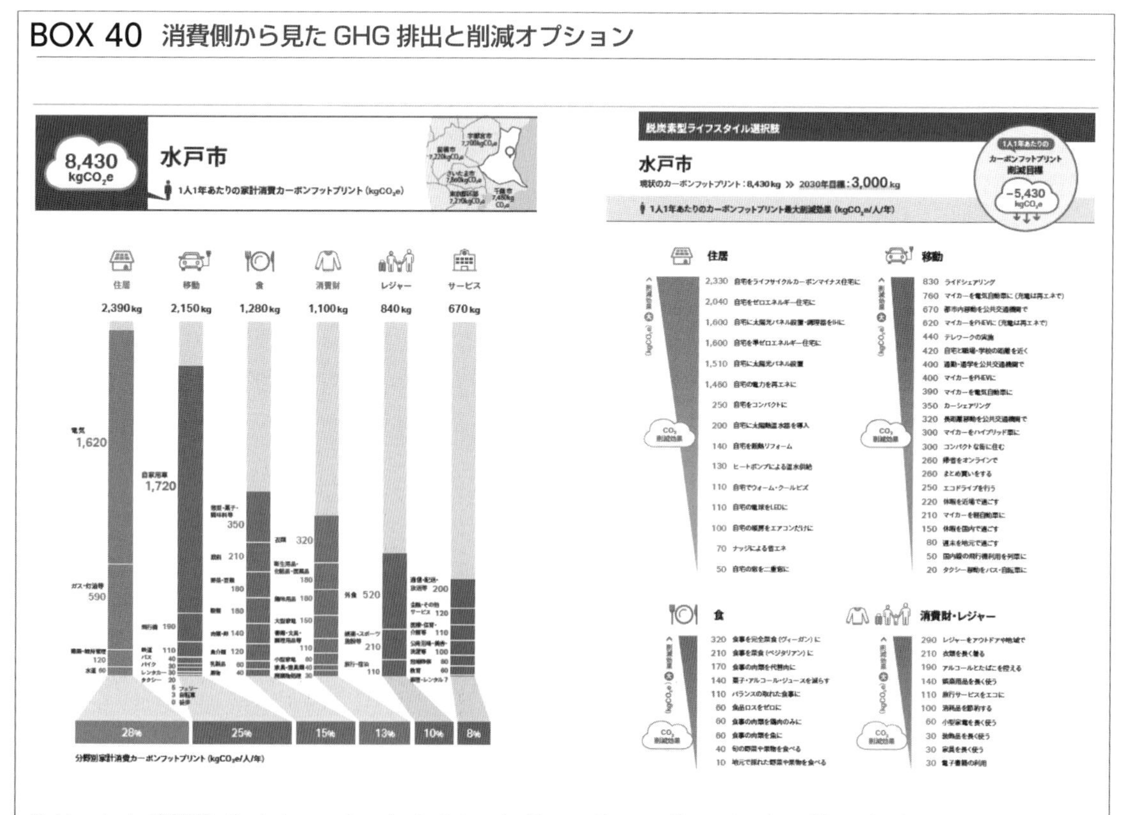

Koide et al. (2021), Exploring carbon footprint reduction pathways through urban lifestyle changes: a practical approach applied to Japanese cities, Environmental Research Letters, 16, 084001.

世界の死亡リスク要因別の死亡者数（Box 41）

気候変動の観点から消費とカーボンフットプリントの関係を紹介しましたが，人健康と消費ついて触れたいと思います．WHO の死亡リスク要因別の死亡者数を見ると，環境問題の中で最も多くの死亡者を生み出すのが大気汚染です．他のリスク要因はどちらかというと人の自己健康管理の中で生じるものが多いのですが，自らの手では避けられず健康被害にあうのは大気汚染です．

消費側から見た人健康影響（Box 42）

消費によって発生する大気汚染物質である $PM_{2.5}$ のフットプリントが何人の早期死亡者が生じるかを計算しました．このグラフは，G20 の消費に伴い発生する $PM_{2.5}$ によって亡くなる人の平均年齢を示しています．国内からのみ排出される生産基準の $PM_{2.5}$ は排出量も少なく，医療レベルも高く，人の栄養状態もしっかりしているので，死亡リスクが低くなります．そのため，日本の生産基準の $PM_{2.5}$ で亡くなる人の平均死亡年齢は 75 ～ 76 歳です．

一方で消費基準の場合，国内だけでなく輸入品の海外での生産によって中国，インドや東南アジアに $PM_{2.5}$ の排出を誘発します．この日本の消費による $PM_{2.5}$ に暴露されて国内外で亡くなる人の平均死亡年齢は 70 歳です．日本の消費は人の寿命を国内よりも 6 歳くらい縮めていると理解することができます．

消費側から見た人健康影響（Box 43）

先の計算では，日本の消費は年間 0.00033 人の早期死亡者につながります．この消費を生涯続けるとどうでしょうか．日本の平均寿命が 85 歳とすると，一人の生涯消費により 0.027 人が亡くなる計算です．逆算すると 36 人の消費により誰か一人の早期死亡を生むことになります．小学校の 1 クラスほどの消費でその中の一人です．日本の場合は，その早期死亡者は 74％の確率で国外の人が亡くなるのです．

BOX 41　世界の死亡リスク要因別の死亡者数

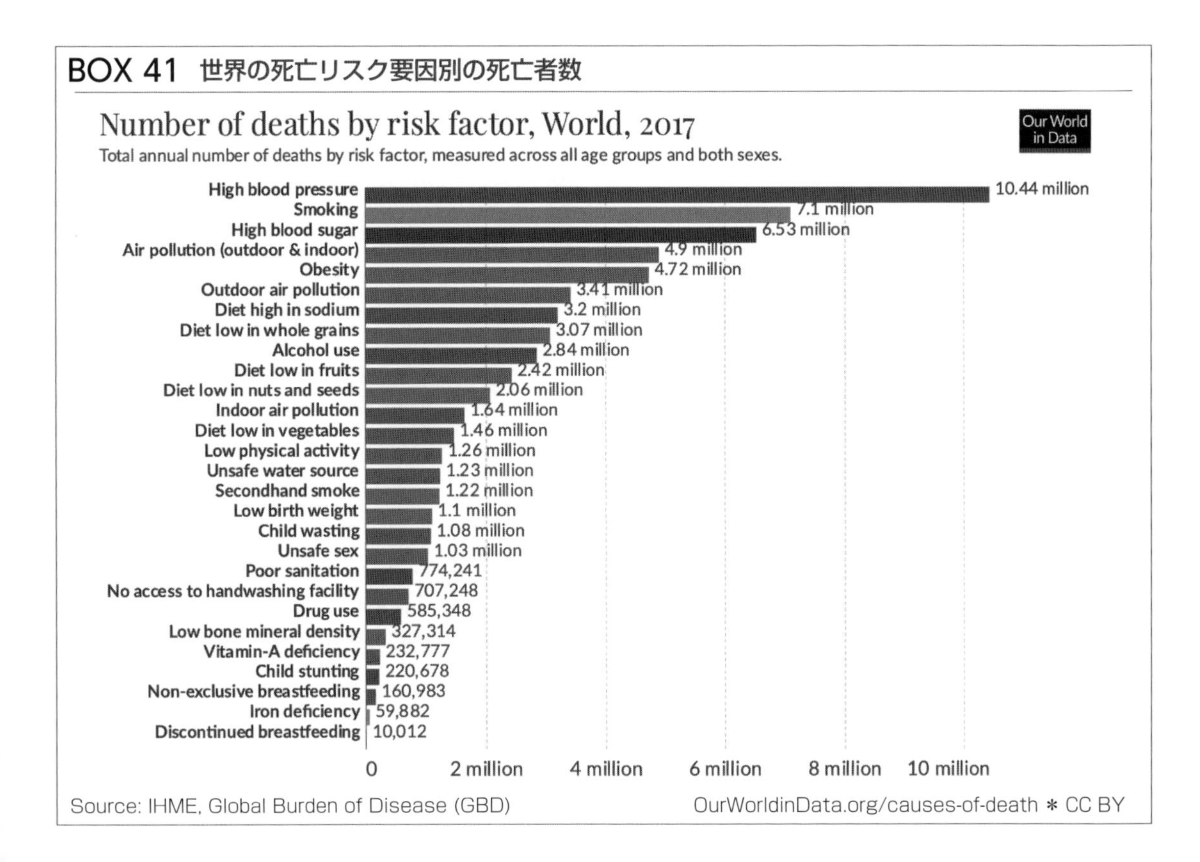

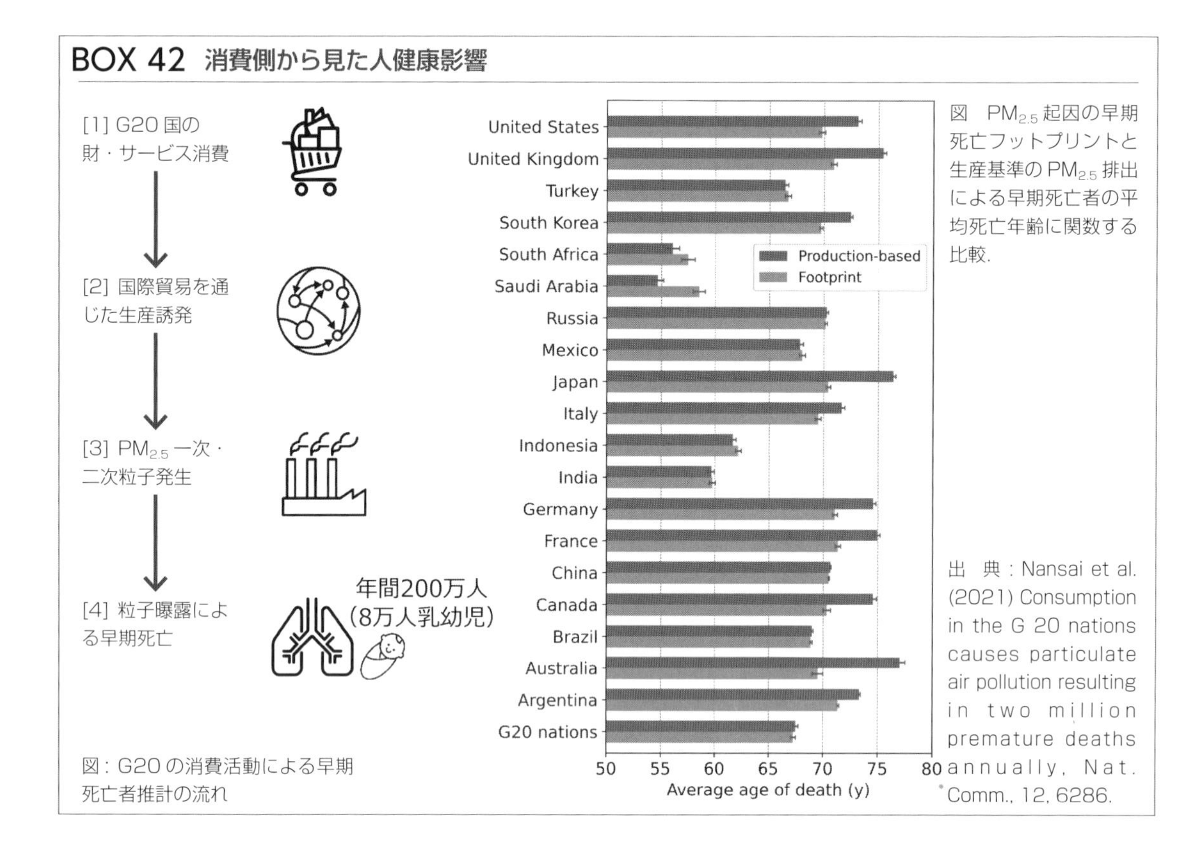

図：G20 の消費活動による早期死亡者推計の流れ

図　$PM_{2.5}$ 起因の早期死亡フットプリントと生産基準の $PM_{2.5}$ 排出による早期死亡者の平均死亡年齢に関数する比較.

出典：Nansai et al. (2021) Consumption in the G 20 nations causes particulate air pollution resulting in two million premature deaths annually, Nat. Comm., 12, 6286.

BOX 43 消費側から見た人健康影響

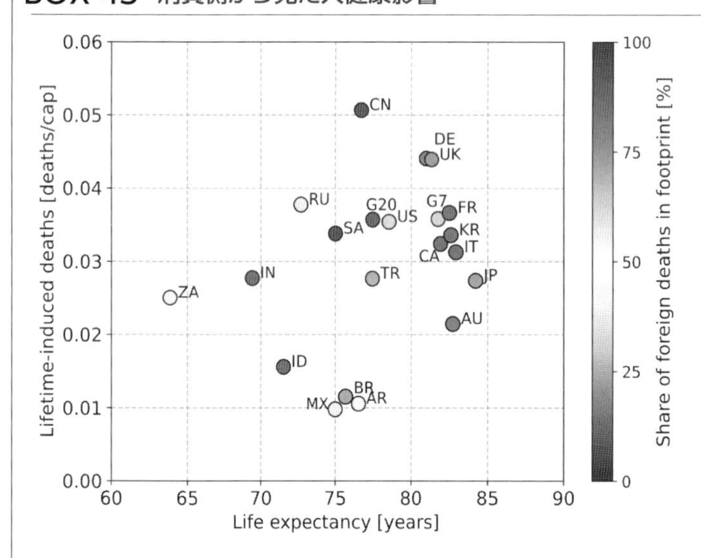

Fig. 6 Relationship between life expectancy, $PM_{2.5}$-related premature deaths induced by lifetime consumption per capita and percentage of foreign deaths in $PM_{2.5}$ premature death footprint in each G20 nation.

日本の消費は年間 4.2 万人の早期死亡者を引き起こすが，**死亡者の 74%は国外**で発生.

一人当たり消費は年間 0.00033 人の早期死亡者を生む.

この消費が平均寿命まで続くと 0.027 人（約 36 人の生涯消費により一人）の早期死亡となる.

プラネタリーヘルスの人健康分野について消費者責任を定量化し，**消費側の変化や対策**は十分な影響**緩和の効果**を有すると結論

出典：Nansai et al. (2021) Consumption in the G 20 nations causes particulate air pollution resulting in two million premature deaths annually, Nature Communications, 12, 6286.

提言：

患者さんとの話題の中で，私たちの選択が多くの人の健康を左右している，ひいては医療従事者に限らず人の健康を守れることに気づいてもらえる機会を作ってもらえるとありがたいです．

高齢化とカーボンフットプリント（Box 44）

日本は高齢化が進行していますが，この棒グラフの下線の色の濃いところは，一国のカーボンフットプリントに対して60歳以上の人の消費が原因となる割合です．2015年が典型ですが，高齢化の高い日本は他国より圧倒的に高齢者によって引き起こされているフットプリントが高いのです．高齢者の排出量が若年層より少ないわけではないため，高齢化によって排出量が減少する訳ではありません．また，高齢になるとこれまでの習慣を変えたりや新しい変化に順応することも難しくなりますね．物理的にも移動を自動車から歩きに変えると言っても，それほどできなくなってきます．高齢社会は排出が減りにくい消費が残る可能性があります．

まとめ（Box 45）

最後にカーボンニュートラル社会におけるヘルスケアを考えるうえでのポイントを7つ紹介します．

提言：

先にスイスの医療施設の調査例を挙げましたが，個々のヘルスケアのカーボンフットプリントの定量化は，排出削減の機会の発見と対策の優先づけに必須です．

どのヘルスケア施設のカーボンフットプリントを計算しても，現場の直接的な排出よりサプライチェーンを通じた排出への注視が重要です．

提言：

サプライチェーンからの排出が大きいため，取引のある企業と一体となってCO_2削減に取り組む必要があります．まずは取引のある会社のCDPによる評価やカーボンニュートラル社会に向けた対応に関心を持つことが重要になります．

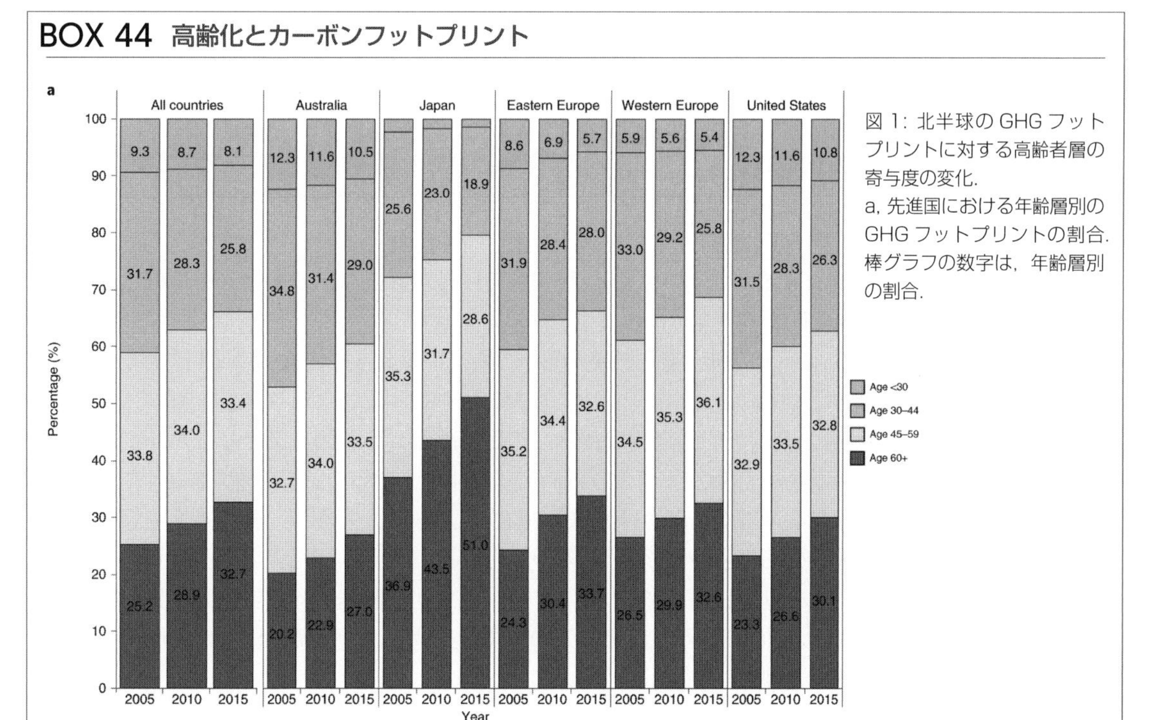

図1：北半球のGHGフットプリントに対する高齢者層の寄与度の変化．
a, 先進国における年齢層別のGHGフットプリントの割合．棒グラフの数字は，年齢層別の割合．

Source) Zheng, H. et al. Ageing society in developed countries challenges carbon mitigation. Nat. Clim. Chang. 12, 241-248 (2022).

太陽光発電や風力発電の再エネ電力の導入だけでカーボンニュートラルになると思われがちですが，ヘルスケアのサプライチェーンにも電化できないプロセスからの排出が多くあります．病院建設の鉄やセメントの素材生産，医療系廃棄物の焼却処理は燃料の燃焼による高温の熱を必要します．電化が技術的に困難なプロセスは使用量自体を減らす方法を考えていかなければなりません．

提言：

いずれの疾病でも入院治療より通院治療が温室効果ガスの排出量を抑制できます．病気にならない重症化しないことは公衆衛生の温暖化対策です．

疾病別の治療にかかるカーボンフットプリントが正しく数値化できればカーボンニュートラル社会に向かう上で，温室効果ガス排出量の少ない治療方法，排出を抑制するためにも防ぐべき疾病などを検討することに大変有益です．どのようにデータを蓄積し，定期的な更新，各地の病院や施設でデータを共有するシステム整備が求められます．

提言：

今やヘルスケアのカーボンニュートラル目標を設定し宣言するときです．その目標をどう達成するかを時間軸に沿って考えることで，取引企業だけでなく患者さんや健康な地域住民を含めて，目標達成への役割が明確になります．一緒に協力していきましょうという指針が作れます．例えば，「車より歩く」というのを健康への利点としてだけはなく，ヘルスケアのカーボンニュートラル目標の達成にも助けになりますと伝えるのも良いと思います．

一方で1.5度の気候目標に向かったとしても，熱中症，マラリア等の病気は今よりも増えることが予想されますので，これにも対応する準備は必要です．

また，カーボンニュートラルするには，CO_2を大気に出ないように吸収するまたは大気中のCO_2を吸収して隔離するというCCS技術の普及が必要です．現在は高価な技術でCO_2を1トンの吸収に4～5万円かかり，将来1トン1万円を目指

BOX 45　まとめ（カーボンニュートラル社会におけるヘルスケア）

1. 個々のヘルスケアのカーボンフットプリントの定量化と構造理解（削減機会の探索）．
2. フットプリントの削減は現場よりサプライチェーンの脱炭素化を重点化（取引企業とのエンゲージメントと企業のCN戦略を注視）．
3. 再エネ導入で脱炭素化が進むプロセスと電化が困難で削減が進まないプロセスを理解した対策（例，素材生産，医療系廃棄物の焼却）．
4. 入院より通院を促進．疾病別の排出量を数値化し，CN社会を進展させる疾病抑制を検討（データ蓄積と更新，共有する仕組み）．
5. ヘルスケアのCN目標の設定と達成経路を提示．市民（患者）を含めたステイクホルダに向けた目標達成のための協働指針作りが不可欠（同時に，熱中症，マラリア等の増加に対応）．
6. CNにはGHGの高価な吸収プロセスが不可欠（植林，CCS等）であり，その費用を見込む経営策が必要（診療報酬へのCNインセンティブ，バイオマス素材・再生品の導入最大化）
7. CNはプラネタリーヘルスの環境領域の一つにすぎない．他の環境と社会課題，国外影響を含め真のプラネタリーヘルスにおけるヘルスケアの具体像を造り，その実現に向けて医療関係者自身が先導する基盤作りに期待．

しています．入院治療は一人年間でCO_2を12トン必要とし，通院治療だと2トンと試算しました．将来1トン1万になったとしても，仮に入院治療のカーボンフットプリントが減らなければ，CCSでカーボンニュートラルするためには12万円が追加されます．カーボンニュートラルに将来見込んだ病院経営も大事になると思います．

提言：

診療報酬にカーボンニュートラルへのインセンティブを組み込む研究，カーボンニュートラルに向けた対策の有無，例えば再エネ電力の利用や病院施設の省エネなど評価項目を設け，達成していれば診療報酬にプラスを，逆の場合はマイナスを付ける．カーボンニュートラルと病院経営が同調する経済的仕組みがなければ排出削減は進みません．

別の研究課題として，医療現場でのバイオ系素材や再生品の利用拡大があります．医療では石油系プラスティック素材のものを使い捨てています．石油系プラの廃棄後の燃焼はCO_2の排出になるため，バイオマス素材のプラスティックに切り替える，石油系でもリサイクルされたプラ素材でできた製品を使う必要性がでてきます．こうした現在は使用していない素材や再生品が医療現場に導入する場合はどこなら可能でどこなら不可能かを早めに見極めて，導入に障壁となる点を克服する方法を検討しておくことが求められます．

最後に，カーボンニュートラルはプラネタリーヘルスの一つの環境領域に過ぎないことを申し添えます．

課題：

気候変動以外の社会的課題，国外で生じる課題を含めてプラネタリーヘルスを実現するヘルスケアとは何かというのは大きな問いです．この問いに対し，医療関係者の皆さんから具体的な像を作っていくことが期待されます．その像を実現して過程でそれぞれの立場で先導できる活動（この「ジェネラリスト教育コンソーシアム」がまさにその一つですが）があると思います．人体内だけでなく，その外側の環境と社会のシステムを含めて人健康の守備範囲と捉えること．これが医療・医学関係者の方々に定着され，プラネタリーヘルスに向けて総力を結集する基盤が整うことを期待します．

以上で私の講演を終了します．ご清聴いただきありがとうございました．

Lecture Q & A

梶：南齋先生，非常に深い内容のご講演をありがとうございました．私もたいへん勉強になりました．医療の現場で働いていると，一つ一つの医薬品や機器の背後に長いサプライチェーンがあるという視点が見逃されてしまいます．ぜひ全ての医療従事者に聞いていただきたいお話だったかと思います．せっかくの機会ですのでご参加の皆さん，ご質問をお受けしたいと思います．

参加者：南齋先生のお話の中で予防することがカーボンレスになるとおっしゃられていました．通院と入院だったら通院のほうがカーボンニュートラルにつながるということでした．私は公衆衛生や産業保健に携わっていますので，予防がたいへん大事と考えており，予防は医療費の削減や疾病の罹患を防ぐだけでなく，環境に対しても影響が大きいということを本日学びました．住民への健康教育を行っているとどうしても住民への動機付けが困難で，ある一定の目標を立ててアプローチしていかないと行動変容につながっていかないように思います．環境の抑制(における行動変容)についてご意見をいただきたいと思います．

大浦：われわれ医師は患者さんの指導はパターナリズムと言ったりしますが，「だめだよ」と言っても患者さんはなかなか変わりません．ただし人間の中に変わるとか変わらないとかではない中動体という発想があって，「させられている」という発想があります．だから「ラーメンはたまにはいいよね」じゃないですけど，ある日急に環境のことを聞いてから，「こういうのってよくないんだな」ってふっと心の中から湧き上がってくる感情があるのです．人間は言われたからすぐ改心するのは難しいです．しかし病気になって急にタバコをやめたりします．やめた理由を聞いたりします．常にタバコは健康に割ると知っているから，病気になったときに気づいてやめるのです．われわれの仕事は正しく情報を提供することですが，患者さんのためを思っていつかは変わることを信じていることが大事です．また，例えば運転をやめたほうがいいと言われても自分はやるという人はいます．全住民に同じように移動手段やたばこについて語るのではなくて，何か1個か2個できることはないかと問いますと，ばらばらな答えが返ってきます．そして1か月後に何をしたかを尋ねると，あの人ができたのなら自分もやってみようかというような思わぬ波及効果が生まれます．つまり引き算しているように見えて実は大変掛け算をしているのです．これは総合診療を行っている技の一つです．

南齋：カーボンニュートラルは待ったなしです．少しずつの努力では追いつかないほど厳しいのです．大事なのは引き算が足し算より多くなってしまうことがあるということです．たとえば，買い物でマイバッグを持っていきます．でもデザインがいいからマイバッグを10個も持つ人がいます．それはスーパーで買い物袋を買ってもらったほうがいいです．このようにプラスとマイナスを足した結果，マイナスが勝たないようにコントロールをすることができればいいのです．また地鶏ラーメンを食べてもう少し，500円くらい安くて健康に良い食事を食べる．そのほうが良かったとして，その500円をためて海外旅行に行ったとすると，もうそれだけで台無しになります．バランス感覚で，一方で無理をしたら他方で息を抜くと続くのではないでしょうか．人によってできることとできないことは全く異なります．この組み合わせがどうやったら個人が体得するかも環境システム研究の一つです．現代社会では個人でその情報を得ることが困難です．今デジタル社会になって見える化ができる状況なので，その可能性に期待しています．

梶：この可視化というのが，今後の医療の課題になってきますね．それではここで休憩をはさんで全体討論に移ります．

Talks

ジェネラリスト×気候変動
臨床医は地球規模の Sustainability にどう貢献するのか？

出席：南齋 規介（国立環境研所）
大浦 誠（南砺市民病院 総合診療科）
佐々木 隆史（こうせい駅前診療所）
司会：梶 有貴（国際医療福祉大学）
書記：長崎 一哉（水戸協同病院）

要旨：

臨床医は地球規模の Sustainability にどう貢献するのかをめぐって，①医師は明日から何をすべきか，②2050 年までに何を目指すべきかの 2 つをテーマにして討議した．

まず，①具体的に何をなすべきかについて，外来や病棟で，職場の同僚とでもいいので，気候変動の話を話題にしてみることが提案された．気候変動について話題を作って身近な医療者の目に触れるようにすることが大切である．具体的には，1）製薬会社の方には，どんな取り組みをしているかを話しかけてみる．2）再エネ電力の電気自動車で来られたかも聞いてみる．3）「病院のカーボンフットプリントを減らしたい」と質問の動機を伝えて対話のきっかけを作ることなどが提案された．

次に，②2050 年までにどういう体制をとるべきか，教育も含めて討議した．その際，カーボンフットプリントの実態を知りたいのか，削減意識の輪を広げていきたいのか，どちらが目的かを考えることが重要とされた．実態把握は外部のサポートを得ても，排出削減で何をなすべきかはプロフェッショナルである医療者が自分たちで探ることが望まれた．そして医学部でのプラネタリーヘルスに関する教育が不可欠であることが強調された．

Highlight

Generalist facing with climate change: Researching planetary health as an academic

With regard to physician's contribution for global sustainability, two issues were discussed; one is what can physicians do from tomorrow, and the other is what should they do by 2050.

First, with regard to the physician's work from tomorrow, talking about planetary health as a topic in outpatient clinics, wards and workplace was recommended. Participants suggested that making a conversation with regard to climate change is crucial. For instance, 1) when pharmaceutical manufacturers come, talk to them about how to deal with climate change in their company's policy. 2) ask them whether they came by an electric vehicle charged with electricity from renewable sources. 3) By saying “I want to decrease our carbon footprint” , make an opportunity for conversation after telling the motives.

Second, participants discussed appropriate systems including medical education up to 2050. In the discussion, it was pointed out to consider either to know the present state of carbon footprint or to widen the ring of awareness for emission reduction. It was recommended that while understanding the present state could be done with external support, professional medical practitioners would explore for themselves what needs to be done regarding emission mitigation. Furthermore, the importance of education on planetary health in Japanese medical schools was discussed.

梶：Talksのテーマは，①医師は明日から何をすべきか，②2050年までに何を目指すべきかの2つをご用意しました．医師が地球のSustainabilityにどのように貢献するかをめぐって，今すぐ対策できること，そして今すぐ対策ができなくとも2050年までにどのような体制や準備をすべきかについてお話し合いいただきたいと思います．

討論に入る前に，環境の対策を考える際に整理すべきこととして「緩和」と「適応」という2つの考え方についてご紹介させてください．「緩和」と「適応」の2つの考え方を注として示します*．

*「緩和」と「適応」
緩和（mitigation）：温室効果ガスの排出削減と吸収の対策を行うこと：例）省エネの取組み，再生可能エネルギーの利用など
適応（adaptation）：これから起こる，既に起こりつつある気候変動の影響への防止・軽減のための備えと新しい条件の利用：例）渇水対策，農作物の新種の開発，熱中症のインフラ整備

「緩和」というと医療者はどうしても“緩和ケア”をイメージされるかもしれませんが，この場合は悪い影響を少なくするという意味で使われており，英語では“palliative”ではなく“mitigation”という英語がそれにあたります．要は「緩和」とは温室効果ガスをどのように削減し吸収の対策を行うかという考え方と言えます．一方，「適応」とは，これから起こる，すでに起こりつつある気候変動の影響への防止・軽減のための備えと新しい条件の利用についての考え方です．例えば，渇水対策，農作物の新種の開発，熱中症のインフラ整備などがそれにあたります．先日（2022年2月28日）のIPCC（気候変動に関する政府間パネル）の第6次報告書の第2部会では特にこの適応に関して詳しく扱われました．環境の対策を考える際にはこの「緩和」と「適応」を整理して考えることが重要です．

本日の2つのテーマのうち，①が医療界の「緩和」策について，②が医療界の「適応」策について意識したものと考えていただければ幸いです．

テーマ①医師は明日から何をすべきか？

医師は明日から何をすべきか;医療現場の（今すぐ始めるべき）「緩和（mitigation）とは？

梶：大浦先生，今から削減していくために，できる対策について，とくに重要なことはございますか？

大浦：医学界における気候変動の認知度ですが，このジェネラリスト教育コンソーシアムのほかは，関連学会でもほとんど発表がありません．イノベーター理論*で言うと，イノベーター(革新者)とアーリーアダプター（早期採用者）のごく一部の人の間で盛り上がっています．

* イノベーター理論：新しい製品，サービスの市場への普及率を表したマーケティング理論．スタンフォード大学のエベレット・M・ロジャーズ教授が『イノベーション普及学』という著書の中で1962年に提唱した．

周囲の人たちと気候変動の問題を話し合おう

大浦：大事だと思ってもよくわからないというのが現状だと思います．ヘルスケアの領域が全体

排出量の4.6%であると知っている人もいますが，私は，何をなすべきかと言ったら，周囲の人たちと一度この問題を話し合うことだと思います．難しい話でなく，「気候変動対策って聞いたことある？」というような感じで聞いてみましょう．すると「何それ？」と始まると思います．最近ブログを書いて，ラーメンから気候変動など話題を考えているうちに自分はいかに知識がないかに気づきました．ディスカッションするときに大事なのはデータだと思います．データがないと，マイバッグを何個も持ってしまうことになってしまいます．正しい知識を持つためにも，その問題に関心を持ってもらう．そのためにはちょっとした話題として出してみるというのが一つのアイディアではないでしょうか．そこからどのように発展していくかは私も予測がつかないくらいになるかもしれません．人によっては響く人もいますし，響かない人もいるでしょう．ただ全く無関心の人にいきなり行動変容を促しても効果はないでしょう．

影響力の大きい人に響くと大きなことが起きると思います．例えば電気や水道などインフラ系のものだったり，麻酔や吸入薬，これは製薬会社の創意工夫だったりします．麻酔だとハロゲンガスの定流量装置，吸入薬もドライパウダーはだめで，プラスティックの吸入器をいかに減らすかを，各企業の人たちが取り組んでいるのがそこだと思います．

そのようなのが製薬企業におけるイノベーターたち，先手を打っていろいろ動いている人たち，彼らとまず関心を持つ人たちを増やしていくのが大事だと思います．

提言：

私だったら，具体的に何をなすべきかというと，外来や病棟，職場の同僚とでもいいですが，気候変動の話を話題にしてみる．

そこから何か1つだけでもやってみる．それをどんどん積み重ねていく．これが一個人としてはいいのかなと思います．

梶：医療というものは容易に変えられるもではなく，医療者と患者や他の業種の方との対話の中で創り上げていくものですよね．まず話題に出す，関心を持ってもらうというところが最初に重要になってくると思います．そこからコミュニケーションが始まっていくのでしょうね．

佐々木：皆に興味を持ってもらうことが大事です．そのデータがあまりなかったので，今回南齋先生に種々教えていただいて勉強になりした．英国は以前からこの問題には取り組んでいまして，NHS*は2040年にNHS自体がネットゼロにするという声明を出しています．それをどう見習うかになると思います．プラマリ・ケアがどう取り組んでいくかという講習会があって私も参加しました．

＊ NHS: National Health Service；国民保健サービス．英国の国営医療サービス事業をさし，患者の医療ニーズに対して公平なサービスを提供することを目的に1948年に設立され，現在も運営されている．NHSにはイギリス国家予算の25.2%が投じられている．

そういう所でデータを見て，広めたいと思ってフェイスブックや日本プライマリ・ケア連合学会でインタレストグループを作って講習会でセッションをさせていただいています．まずは皆に知ってもらうことが大事だと活動しています．まず医師に知ってもらう．あとは患者さんに対してどのように知ってもらうことも重要です．いろいろな患者さんが来て様々な話題を話します．気候変動が大事なので，患者さんはコロナ禍でソーシャルディスタンスのためあまり話さないのですが，私はなるべく気候変動の話題も取り上げています．ただ自分ではなかなかできていないのが現実です．プライマリ・ケア分野で不要な処方を減らすかで，医療費を減らすこともできます．例を出しながら話題提供しています．

● プライマリ・ケア医が浸透すれば環境は良くなる

大浦：移動手段におけるガソリンによるCO_2排出量がたいへん大きいことに関しては，プライマリ・ケア医が得意なところです．受診頻度をいたずらに多くしないことは得意です．本当に適切な医療を行う．たとえば検査をたくさんするために患者さんの受診を促すのではなくて，定期的にこれくらいの間隔で受診すればいいとか，そのかわり心配だったらいつでも来るようにと言うだけで，3か月に1回とか，人によっては年1回だけ健康相談だけで来る人もいます．移動手段では，たくさんの病院を受診するだけでたくさんガソリンを使います．いくつもの診療科にかかっているためです．こういうのを一元化するのがプライマリ・ケア医は得意です．一人の患者さんを丸ごと把握して，受診間隔も，薬も然りですが，なるべく最低限にしてあげる．検査も最低限にする．それこそがプライマリ・ケア医が浸透すれば環境は良くなるのではないでしょうか．

● 気候変動はジェネラリストだけでなくさまざまな専門家まで巻き込んだ議論を

梶：医師が取り組むべき内容を見たときに，ジェネラリストの私たちがすでに普段の診療の中で行っているようなことが普遍的に環境にとって良いのかもしれないと感じます．私たちが行っている予防医療や適切な医療を提供していくことが，結果的に患者さんだけでなく地球にも恩恵がある．まさに，これは私たちの分野ですね．

大浦：私の所属する病院では，医師が一人ひとり毎週持ち回りで症例検討会に出ます．お題は自由です．例えば循環器だったら心不全についてレクチャーでもいいです．私は総合診療医なので気候変動についてレクチャーをしますと言って始めました．そうしたらたいへん好評で，「聞いたことがない」と言ってとても面白がって聞いてくれました．病院長も検討会にいて，病院で何かできることはないかという話が始まるのです．こういう話を，勇気を出して学会でもいいですし，話題にするのは非常に意義のあることです．このジェネラリスト教育コンソーシアムの意義もそこにあります．

提言：

気候変動について話題を作って皆の目に触れるようにしてみるのはひとつのアイディアだと思います．

梶：ありがとうございます．ジェネラリストだけではなく他の専門家の視点も重要と思います．今回のジェネラリスト教育コンソーシアムのMOOK版の中には，気候変動に関わる医学領域の専門家から依頼原稿を書いていただいておりますが，その中に筑波大学の永井先生から腎臓内科の専門医の先生のお立場から「慢性腎臓病における環境問題」（永井恵先生）についてご執筆いただきました．コンソーシアムに先立ち拝読させていただいたのですが，腎臓内科医の視点から考えると透析医療が大きな環境負荷になってくるとのことです．考えてみれば，透析は水も投薬も数多く使用し，透析のフィルターもプラスティックを使っています．実は，われわれジェネラリストだけではなく，専門医の先生方含めもっと多くの医療者を巻き込んでいかなければならない問題だと思いました．

大浦：たしかに専門家でないとわからないことはあります．透析の水は多いと言われてみないと，ふだんからその場にいて，それをなりわいとして人でないとわからないことがあります．もちろん南齋先生のように医療職でない視点からも分析されることも大事なメタ認知性のデータですが，われわれの実感としてこれはたしかに止められそうだというものはあると思います．技術革新が起きたらなくなるというようなものは大事に共有していきたいと思いました．

梶：CO_2削減についてどの分野にスポットを当

てたらいいのかに関して，具体的なデータはもっとあったほうがいいというのが南齋先生のご発表にもございました．南齋先生，プライマリ・ケアの分野でどのようなデータがあったほうがいいのか，あるいは欠けているものについて教えてください．

どうやったら半分のCO_2で済ませられるのかという手段を考えたい

南齋：医療系のカーボンフットプリントに関する論文は最近多くなり，査読依頼もいろいろ来ます．

先ほどのレクチャーでスイスの例を紹介しましたが，いろいろな病院でcase studyをやっていますが，その日本版は全く見ていません．何かのデータが圧倒的に足りないという議論ができるほど，まだ日本はデータが集まっていないと思います．まず情報を集める，大浦先生のおっしゃった対話を始めるでもいいですし，この病院で，もしくはこのチームでちょっとカーボンフットプリントを実験的に知ってみようと，内輪から始めるというのは自分たちの現状を知るという意味で望ましいと思います．そのときに，明日から何をすべきかですが，まずは病院からの直接的な排出をどうするかを考える．しかし，それで閉じずに日本の総排出量の約5%を占めるカーボンフットプリントの削減の議論に進んでほしいですね．

提言：

製薬会社の方が来たら，会社でどんな取り組みをしているかを聞くだけでもいいですし，商社の人にも話しかけてみる．その方たち自動車で来られたなら，電気自動車ですか？充電は再エネ電力ですか？と聞いてみる．「病院のカーボンフットプリントを減らしたいので」と話せば，対話のきっかけになると思います．

また病院内でも病院の購入電力は再生可能エネルギーによる発電であるか，病院施設の断熱レベル，省エネレベルを確認されると良いと思います．施設を建てるには莫大なCO_2が出ます．そのため，建てるからにはあとで排出を回収するという計画を持って建てる．今一般住宅ですとゼロエミッション住宅とかライフサイクルCO_2マイナス住宅などが認証されています．その病院版というのはどういう規格であるべきか，その規格でどのように建設時の排出を回収できるかを考えるべきだと思います．

ヘルスケアのカーボンフットプリントを減らす方法は需要側と供給側にあります．需要側は患者さんを減らす，つまり医療需要を減らす．これが半分になれば排出量も半分になります．供給側は患者さん一人当たりにかけるCO_2を半分にすることです．患者さんを減らす方は公衆衛生の分野で蓄積がありますが，供給側はこれからです．契約電力の種類を確認し，製薬会社の気候変動対策を聞き，双方でできそうな対策を提案してみる．

たとえば小分けの箱で納品される医薬品は便利かも知れませんが，その箱作りにもCO_2の排出が伴います．製品の利用側と作り手の対話があってこそ改良が可能です．契約電力の再エネ化や施設のゼロエミッション化にはコストがかかります．このコストが病院の経営に内部化されないとボランティアレベルでしか進みません．炭素税の導入か排出削減が診療報酬に加点される仕組みが必要でしょう．

この大きな変化は誰に働きかけるのが良いでしょうか？最後は財務省ですが，変化を起こす経路を描いて攻めていく必要があります．2050年はすぐ来ますので，早めに取り組まなければなりません．

あとは医師として一般市民にカーボンニュートラルの話をする場合，ヘルスケアのカーボンフットプリントに限った話ではなくなります．では医師の皆さんは，どの機会にどういうふうにそれを学習したらいいのでしょうか．

提言：

健康促進と気候変動との関係を学習する機会は医学部のカリキュラムでも，研修のポイントの一つとしてでも良いと思いますが，プラネタリーヘルス学として1回でも触れることが必要です．

市民に身体にもいいけど地球の健康にも良い食べ物のアドバイス，徒歩での来院の勧めでも排出量は減ります．また，病気，介護予防を目的とした高齢者の方が集うサロン開催でも，行くときは「家を出るときエアコン切ってきてね」と一言．2～3時間施設に集まるときそれぞれの人が家の電気を切り，施設での電力消費に集中させる．家に他の人が残らないように家族の人と一緒に参加を促すなど，いろいろやり方はあると思いますが，事例集やガイドラインがある方がよいと思います．人の行動と炭素排出の関係を学ぶ仕組み，そしてこのジェネラリスト教育コンソーシアムのような場を通じて広がる仕組みを作っていくと動き出せるのではないでしょうか．

梶：ありがとうございます．そう考えると，医療者は行政に対して働きかけなければならないこともあれば，教育現場に対しても働きかけも必要ですし，患者さんと医師とのコミュニケーションのレベルでも働きかけも必要ということですね．医療者は，実に多種多様な現場での活動が求められることがわかります．

大浦：ヘルスケア領域で仕事をしているとはいえ，相手にしているのは人間です．その中には会社の社長さんもいれば，日々の暮らしも大変な人もいます．食品関係の人など様々な領域の方々がいます．外来で患者さんにいうとき，私は高齢者ばかりですが，健康の方も人間ドックということで来たりします．プライマリ・ケアで相手にする人たちは，そのような研究がありますが，大きい病院の1000人の一人の病気ではなく600～700人の人たちを対象にするので，大きな影響力を与える仕事ではあると思います．そこで外来の一コマとして，たとえばその人が会社の社長さんでもその話をするとその人なりの解釈が起きます．私の思っている以上の効果がそこに起こるのではないかと考えます．今コロナの影響で，遠隔診療も行われたり，製薬会社のMRさんも面会に来なくなってしまいました．最近少し緩和されましたが，病院に来るのが大変ではないかと聞いたりします．リモートで情報提供したほうが楽ではないか，ガソリン代もかかるしという話をするときに，私は環境の話をはさみます．すると相手は仕事ですからと言いますが，頭ではわかっているけどという気持ちが読み取れます．そのようにして少しずつ先ほどの「当たり前」を増やしていくことはわれわれの多分次のステップ，診療報酬改定が起きたとき，一気に舵が切られるのではないでしょうか．その時何も知らなかったら，ふと来た情報にどうしたらよいかわからないで慌てるのです．

そうではなく，こうしたらいいとわかっている状態にしておいて，いざというときにインセンティブが付くとなったら，よし，じゃやるか，となるのではないでしょうか．というのが私の夢です．

梶：ありがとうございます．では次のテーマ②2050年まで何を目指すべきか？に移ります．

テーマ② 2050年まで何を目指すべきか？

梶：すでにこのテーマ②に含まれるようなお話も始まっておりますが，これまでの議論の延長線上として2050年までにどういう備えをしていけばよいのか，これからの診療の体制や教育も含めて考えていきたいと思います．

佐々木：南齋先生のお話しで，データを集めるのが大事と思いました．あのようなデータは論文を書いた研究者が集めたのでしょうか？

南齋：著者は医師の方が多いように見えますが，実際に資料を集めるのは誰かに頼んでいるのかもしれません．研究目的を立てているのは当事者の方が多いです．

佐々木：病院にいらっしゃる先生にはデータを集めて公表していただきたいと思います．診療所ベースでも光熱費などありますのでできると思います．一度計算してみましたが，一人でやったら苦しいだけで，英国の先生に伺ったら測定効果にならないし大変なのでやめたほうがいいと言われました．ただイギリスでは，各診療所が環境対策を登録して評価しあうチェックリスト，表彰制度が一部にあります．日本にはそれがないので，とりあえず何をするか，電気自動車に代えたりして，試みてはいます．

長崎：南齋先生にお伺いします．研究のために病院で環境に関する調査をしようと思ったら，どのような専門職の方にお声がけをしたらいいでしょうか．医師個人でできる研究ではないと思います．私は水戸に住んでいますので南齋先生に相談できますが，各地の先生は難しいと思います．どこの大学のどういう先生がいいのでしょうか．

提言：

実態を知りたいのか，行動の輪を広げていきたいのか，どちらが目的かを考える

南齋：日本の病院でカーボンフットプリントを計算している方はあまり聞きませんが，先ほど紹介したように大手上場企業は今一生懸命取り組んでいます．企業の方も一人ではできないのでサポートをコンサルティング会社にお願いしているところが多いです．とくに先ほどレクチャーでご紹介したCDPへの報告などは，計算結果の第三者認証を取る企業もあります．でも，外部に計算をお願いして数値を提出するだけでは，内部から削減の意識は広がりにくいです．実態を知りたいのか行動の輪を広げていきたいのかのどちらが目的かを考えたいですね．

大浦：南齋先生からいいヒントをいただきました．先ほどの長崎先生の病院単位で測定する問題で，医師だけだと難しいから仲間が必要ということは同感ですが，共通する臨床研究だったらクライテリアがあってそれに基づいてその科の特異度を調べる．クリニカル・インディケーターでどんな病気が何割いるとか，クオリティ・インディケーターで在院日数をこうしているなど，指標があるから頑張れるということがあります．ですからいま病院で共通で使われそうなカーボンフットプリント・カリキュレーターがあって気軽に算出することによって各病院の指標が出しやすいようにする．そして各病院がデータを提出し，ある数値以上のところはインセンティブが発生し，いくつ以下はインセンティブが発生しないというルールにしてしまうとたしかに頑張れるのかなと思います．クリニカル・インディケーターをホームページ上に公開しているところ，病院機能評価などを得ているところに環境も入れるのであればいい促しになるかもしれません．

提言：

医薬品も数種類にまとめればデータを出すことは可能

南齋：私がレクチャーで紹介したフットプリントでは医薬品は1種類にまとまっています．価格が高いほど排出量が大きくなるデータです．医薬品の種類も無数にありますので1個1個をデータ化することは製造者でないとできません．ここは専門知識が必要になりますが，例えば糖尿病の薬という括りでデータをあつめるなど，数字の誤差はあるけれどそれを区別していれば病院の特徴を踏まえた計算が可能ではないでしょうか．外注で計算をサポートしてくれるのは多くの場合，依頼内容の範囲内です．どのフットプリントは細かく見るべきか，対策できそうな購入物は何かなど，何を見ないといけないかは当事者からしか出てきません．医薬品を大括りにまとめてもよいかわからないときは製造メーカーと話しをして，このプロセスは大きく違う，似ていると対話する．例えば，まずは医薬品を10種類にまとめてカーボンフットプリントのデータを作る．誤差はあるけれども，それでスタートし始める．こんな大雑把なデータは使えないという方がいれば自分で調べるという人も出ていてデータ増えます．まずは，各施設でフットプリント計算を走らせるためのスタートアップ・パッケージのようなものが有用だと思います．

提言：
実態把握は外部のサポート得ても，削減で何をなすべきかは自分たちで探る

私はヘルスケアを統計からマクロに見てフットプリントの分析はできるのですが，では減らす方法は何かと現場に沿って考えられません．再エネ発電の契約は共通した削減対策ですが，それも一般論です，病院の専門によって違うかも知れません．何科の先生だから思いつく削減案，できるけれどもそのためにクリアしなければならないこともわかります．削減策を積み上げて2050年までに目標達成する過程を考えるには，医療関係者の皆さんに関心と知識を持ってもらって，どうやって患者一人当たりのカーボンを下げるかという話に乗ってもらわないと進みません．実態把握は外注，だけど削減で何をなすべきかを自分たちで探るという意識で取り組むと，外注しながら上手く回ると考えます．

提言：
プラネタリーヘルスは医学部での教育が不可欠である

佐々木：医学部のカリキュラムで学んでもらうのは大事です．プラネタリーヘルス・アライアンス*というハーバードに軸を持つ環境，教育の大学連盟があり，長崎大学は加入しています．日本でも知識の普及など医学部教育が不可欠と思います．

＊ プラネタリーヘルス・アライアンス https://www.planetaryhealthalliance.org/planetary-health：2016年にロックフェラー財団の支援を受けて発足したPlanetary Health Alliance (PHA)は，プラネタリーヘルスの研究，教育，政策の推進に関与し，その発展の中心的な役割を果たしている．

梶：そうですね，どう次の世代に伝えていくか課題は多いのですが，私も大学で教育に携わっていますが，医療と環境と言っても学生の反応が小さい印象です．医学部のカリキュラムは現時点でも盛り込まなくてはならないことが多く，気候変動についての授業を挿入するのも難しい状態です．

今後のチャレンジングな問題だと思います．

大浦：教育で覚えているのは，ニューヨークのマウントサイナイ医科大学で，医学教育の中にいかに自然に取り入れるかというときに，例えば1年生の感染症の講義のときはマラリア，デング熱という話題のときに気候変動教育をする．ダニ介在性のライム病の話をしたりします．そこでどういう所にダニは生息しているか，気候条件が変化したらどうなるかというスライドが1枚加わったそうです．

それ以外に精神医学だったら大気汚染と精神疾患，神経細胞の退行性変化の話題につなげます．つまり大気汚染×アルツハイマーの関係性のスライドが1個増えたりします．またプロフェッショナリズム教育だったらアートの話題で気候変動の話をする．そのときには診療の声掛けのときに環境の話をする．暑い日が続いたら利尿剤を減らすというのはその中の一環です．私は面白いと思って自分の診療に採用しました．暑いときには無理をしないというときには，熱帯のことをうまく利用した話です．循環器の病気でも授業のスライドの1枚だけ気温上昇でどんな影響があるかを加えるという運動があります．医学教育の各領域で気候変動が少しずつ入っています．

また米国ではClimate Medicineという科目が入った大学（カルフォルニア大学）もあります．山火事が起きたら悪化するというシナリオを出して模擬患者さんを対象に教育をしていて，医学教育の中に気候変動を知らず知らずのうちに挿入しておくと，皆が普通に医師になったとき，当たり前のように気候変動を理解するようになります．特に医学部の卒業生は6年間の教育ですから20代半ばでそのような知識を得て，再度知識が甦ることがあるのではないでしょうか．教える側も勉強しなければなりませんし，学生が知っているならわれわれもついていかなくてはなりません．

ステップを踏んで研究のプロセスを論文化したい

参加者：私はMPH（Master of Public Health）を取得し今公衆衛生学修士課程にいます．プラネタリーヘルスについて論文執筆中です．私の大学院ではプラネタリーヘルスの授業はあって担当の先生にアドバイスをいただいています．学内で発表しましたが反応があまりなかったです．内容はプラネタリーヘルスを軸に現場の医師と看護師に質的インタビューをしました．その結果をまとめると，本日お話しがあったことその通りでした．

今日は私の研究は間違っていないのだとパワーをいただきました．私は背景をグローバルヘルスとしていてアフリカやアジア，中南米を研究する中で，キューバがプライマリ・ケアに力を入れています．仮説として総合診療やプライマリ・ケアを充実させることがプラネタリーヘルスに通じるということを立てています．私のゴールが医師と看護師の教育の中にプラネタリーヘルスを組み込みたいということですが，今日のお話を聞いてまた研究を続けたいと思いました．研究のステップを踏んで，論文化もできて，カリキュラムも変えるということができないか，アドバイスをいただけるとありがたいです．

大浦：非常に大事なご指摘ですね．どうやったら早くできるのかというご質問だと思います．2つのポイントがあります．ゆっくりした趨勢を早くするには，2つファクターがあって，イノベーター理論でいうと，多く人たちが自分事にしてしまう，世論を動かす，ですね．すべての人たちが環境問題に関心を持つ．それができないので医学教育といういわば草の根活動です．またMPHを持たれているのならその業界の方でプラネタリーヘルスに関心を持つ人がどのくらいいるのかを調べる．少しだけ違う研究をしている人もいますので，そういう人たちにも気候変動と重なる研究はできないかと誘いかけをする．そうすると関係者は爆発的に増えてきます．一方でもう一つ上層部の人を動かすことは，論文のデータを使って世の中を動かすのは大事なことですが，最近のコロナの話でもプリプリントなど論文化のスピードはどんどん上がっています．論文を査読して論文化するまでのステップがそもそも間に合わないんじゃないかと私は思うようになってきました．時代が少しずつ変わってきているのであればそのスピードをアップする仕組み，研究を早く消化させ実践に落とし込めるような仕組みができればいい．査読を現場に落としてしまう．プレプリントがまさにそうですが，査読するのはわれわれ自身であるとして，読んでこれは使える，これはおかしいと言っているうちに良い論文は残り，おかしい論文は淘汰されていく．時代がスピード化されている中で論文も多くアクセプトされ，論文数も指数関数的に増加していく世の中においてはその取扱いをいかに早くするかが次に問われると思います．そこで出版業界，カイ書林さんが（笑）これをいち早く出版して，この会だけでなく医学部の人たちに配るようになると大きなエネルギーになるのではないでしょうか．

梶：ありがとうございます．本日は，実際の現場から教育，研究まで多岐にわたるお話をいただきました．ジェネラリストだけではなく医療者が中心に積極的に低酸素，カーボンニュートラルに向けて活動して，コミュニケーションを続けていくことの大切さが共有されていたと思います．たいへん有意義な会をありがとうございました．ご参加の皆さま，ご講演，およびパネリストの先生方に御礼を申し上げます．以上で第18回ジェネラリスト教育コンソーシアムのTalksを終了します．

After talks:

梶：以上でTalksでの全員でのお話合いは終わりましたが，ここからは自由に討論をお願いします．

提言：

日本はカーボンニュートラル社会と調和するヘルスケア像を持たなければならない

南齋：私にとっても今日の議論はたいへん刺激的でした．G７[*1]の保健大臣会合の議題にもClimate resilience[*2]，climate-neutral health systemsが上がるようです．気候変動を回避するカーボンニュートラル化は，COP26に向けて日本も宣言しましたが，その趨勢の中で保健システムも考える時代です．カーボンバジェットは残り少なく，限られた炭素しか排出できない．健康のために食べ物を作るための炭素排出は仕方がないとすると，治療する方の排出はどうしていくのか．一人当たり患者さんに使える炭素排出の削減を前提とする時，どんなビジョンを持っているか尋ねられても，日本はまだ答えを持っていない状況です．

＊1 G7はGroup of Seven（グループ・オブ・セブン）の略で，フランス，アメリカ合衆国，イギリス，ドイツ，日本，イタリア，カナダで構成される政府間の政治フォーラム．2022年5月19日・20日にG7保健大臣会合が開催され，佐藤英道厚生労働大臣が出席．この会合の中で“2022 G7保健大臣宣言”が採択され，その中に「気候変動と健康　～気候変動に強く，持続可能で，気候変動に中立な保険システム～」の項が含まれた．

参考）https://www.mhlw.go.jp/stf/newpage_25829.html

梶：同じような事例として，いまでは薬剤耐性菌（Antimicrobial Resistance: AMR）が喧伝されるようになりましたが，こちらの問題も伊勢志摩サミット[*3]で議題に上ったことがきっかけとなり日本の対策が進んだと言われています．海外からの刺激を受けて，この問題も前に進んでいくのかもしれません．

長崎：今日のトピックに関しては，種々の対策に関してはゆっくり行うというだけではなく，大きなイノベーションの実現も必須になると思います．たとえば入院患者さんの半分の方は外来にして，外来患者さんの半分はセルフケアにするなどです．もしかすると，高血圧などは通院が将来的にはなくなるかもしれません．今オンラインが普及していますが，今後は医師を介することなく予防や治療できるようになるかもしれません．脂質異常症の患者が近くの薬局で採血を行い，検査値が出て，それをAIが判断して処方をしていくというモデルがほかの国で出現してくると思います．日本は高齢の方も多く，医療業界のパワーも強いので簡単には変化しませんが，世界の動向には間違いなく影響を受けると思います．

＊2 Climate resilience: 気候変動の影響からの回復力．具体的には干ばつや大嵐，洪水といった気象災害で大きなダメージを受けた耕作地を復旧すること．

＊3 伊勢志摩サミット：第42回先進国首脳会議は，2016年5月26日から5月27日に日本の三重県志摩市阿児町神明賢島で開催された先進国首脳会議．愛称は伊勢志摩サミット．その際に採択された「伊勢志摩首脳宣言」の中には保健分野でAMRの対策強化などが盛り込まれた．

提言：
プライマリ・ケアが環境問題のカギを握っている

大浦：病床は削減され，箱がそもそも減ってきていますし，人口も減少傾向です．箱を減らしていくのはまさしく環境への配慮に直結します．プライマリ・ケアがカギを握っているのは私が言いたかったことです．セルフ・メディケーション然りで，無駄な薬を出さないでゼロにするのがいちばんいいです．ただそれが市販薬を勝手にたくさん飲むというと話は変わります．そこを正確な情報をいかに定期的に伝えるか，薬剤師がその役割を担うのもいいのではないでしょうか．多職種が様々な視点で環境をすこし念頭に置いて活動するのがいい掛け算になるのではないかと思います．

梶：マルチですね．

大浦：それで私はマルチモビリティ・カンファレンスが大好きです．医師だけでやっているとどうしても偏ります．今日は南齋先生が加わることでだいぶ締まりました．医師だけだとプライマリ・ケアばかり言ってしまいますが，ほかの視点で見たことがない職種の方々の意見に非常に影響を享けたりします．

病院に来ない人への情報提供をどうするか

南齋：最後の参加者の方のご意見に関してですが，行政に活かすときの数値は徹底的に詰めて学術論文という担保をつけて示すことが大事だと思いますが，行政でなくて一般の人に届けるときに何がいいのか，本なのかというとどうでしょうか，今の若者はほぼスマホの画面から情報を得ています．

大浦：日本人のSNSの中で46％はツイッターを使っているようです．コロナワクチンもそのような人たちが盛り上げたところもあるようです．

南齋：病院で多様な人に話しかけるチャンスがあるということでしたが，病院に来ない人にどのような接点があるのかはわかっていないのです．

大浦：それはプライマリ・ケアの一番大事な核心をどんどん突いていますね．病院に来ない人たちが最も大事なのです．病院に来るのは関心のある人たちです．本当に無関心な人や健康な人に予防の話をすることが重要です．では学校で教えればいいと言ったら，今度は学校に来ない人はどうするか，となって切りがありません．昔はテレビの力が大きかったのに今はテレビもあまり視聴率も高くはありません．新たな媒体が携帯の画面から得られる情報だったりします．しかし文字数が少ないので誤解を招いたり暴論になったりするので，正しい情報を画面に凝縮できるのは優れた方々がいいのかなと思います．

「どうぶつの森」が環境問題に入ってくる！

南齋：これはもしかしたら時代とともに変化していくのかもしれませんが，それについていかないと世の中に分断が起きてしまいます．医師の発言は重く聞いてもらえると自覚していただいて，そこに対処する術を考えていただければと期待します．

国立環境研究所の生物多様性領域の研究者が，「あつまれどうぶつの森」*の中での，自然保護の促進する点を調査したことがあります．

＊『あつまれ どうぶつの森』：任天堂より2020年3月20日に発売されたNintendo Switch用ゲームソフト．どうぶつの森シリーズの第7作目．キャッチコピーは「何もないから，なんでもできる」．略称は「あつ森」．調査結果は，Jessica C. Fisher, Natalie Yoh, Takahiro Kubo, Danielle Rundle, Could Nintendo’s Animal Crossing be a tool for conservation messaging?, People and Nature, 2021, 3, 1218–1228.

多様な生物についての知識が深まる一方で，希少な生物を採取して売ることが推奨される問題もあります．世代を超えて伝えるということですが，ゲームのストーリーの中ではうまくいくように見ても現実と矛盾する点については，ゲームを通じた情報伝達においては介入していかないといけないのです．

大浦：ゲームと教育を融合させる．医学教育でもあります．それを環境教育でもありえるということですね．

長崎:「どうぶつの森」がどんどん環境問題に入ってくるとしたら面白いですね！

大浦：取ったら警告音が鳴るとか．

南齋：そういう意味ではプラネタリーヘルスを作るのには，実は「あつまれ動物の森」に追加するべき要素があるのかもしれません．

大浦：たしかに本当に伝えたいメッセージは面白くあるべきです．遊びの中の学びです．難しく言ってしまうと，大事だけど実際にはできないとなってしまいます．実行しやすい感じとか大事なメッセージをゲームの中に入れてしまうと，深く考えずにそういうものなのだと納得して，子どもたちは影響されるかもしれません．

南齋：いかに常識にできるかが大事です．

大浦：会が終わった後の After Talk が盛り上がりましたね．

長崎：いろいろな学会や研究会でこのようなテーマが求められていると思います．発案はあるのですが，依頼先の先生が見つかりませんでした．私も今回勉強して，佐々木先生もインタレストグループを立ち上げていますので，少しずつ活動の輪が広がっています．カイ書林がこの会の本を出版してくださるとそれに拍車がかかると思います．対話をぜひ重ねさせていただきたいです．

大浦：私はマルチモビリティというあまり知られていない概念が，循環器学会で心不全とコラボすることになりました．心不全学会にもお呼ばれすることになりました．循環器×マルモでお話しします．パネルディスカッションが始まりますが，その前に横浜の学会でも循環器の先生とコラボすることに招かれました．それがきっかけで心不全学会に呼ばれました．このような掛け算は気候変動でも腎臓内科の先生とコラボしたから腎臓病学会でもやれるというのはいい感じのコラボになりそうですね．発信が大事です．

梶：本日のメンバーで継続して発信し続け，さらにエビデンスのようなものに結実していけることを願います．

南齋：私はメーカーの方々とどうしていくかという話をさせていただく機会はあったのですが，病院関係の方は意外と中小企業の経営に近いのかなという感じを受けています．そのためカーボンニュートラルはわかっているけど，費用がかかるのできないと言われます．再生可能エネルギーに電力の契約を切り替えるだけでもそのコストアップをどうするかで動けないという話を聞きました．

大浦：医療は，診療報酬など縛りがあって，やりたいけどやれないことが多いです．

佐々木：診療報酬は，そういう意味で大事だと思います．次の2年後の診療報酬に盛り込むのは難しいかもしれません．4年後というと2030年は目の前です．私は国の本気度が試されると一経営者としても思います．

梶：今回のジェネラリスト教育コンソーシアムのMOOK版はぜひ厚生労働省にも届けていただきたいと思います．

長崎：依頼論文も充実しています．今回著者の先生方のリストを得たのが私の財産ともなりました．

大浦：このジェネラリスト教育コンソーシアムは地球を救うかもしれません（笑）．

梶：それでは以上で今回のジェネラリスト教育コンソーシアムのすべてのTalksを終了させていただきます．ありがとうございました．

ジェネラリスト×気候変動
依頼論文

気候変動とプライマリ・ケア
Climate change and primary care

大浦 誠
Makoto Oura

南砺市民病院 総合診療科
〒932-0211 富山県南砺市井波938番地
Eメール：st03013@gmail.com

要旨

気候変動対策として創意工夫すべき領域が，医療にもある．
STEP1 全体像をみて，専門職・個人の視点で関われそうな領域を見つける
STEP2 リジェネレーションの視点で介入を考える
STEP3 具体的に何をするかを考える
世界中が関心を向けている今，“医療者×○○で”できることを考えよう．

はじめに

「気候変動対策は遅れている」という声をよく聞く．もちろん，遅れているのは気候変動対策だけではない．SDGsの視点でも，気候変動以外にもすべきことは山積している．では，皆さんは気候変動に限らず何か一つでも行動を起こしているのだろうか．読者の方々でもまだまだSDGsの活動を実践されている方は少ないだろう．一般的にはすべきことが多くなると問題の一部分しか見えなくなってしまい，全体の中での重要度と緊急度を考えた優先順位をつけられなくなる事がある．複数の問題を抱えている場合，プライマリ・ケア医ならではの複雑性へのアプローチがある．

本項では，気候変動へのプライマリ・ケア医としてのアプローチではなく，複数の問題を抱えた地球に対してのアプローチを考えてみたい．

地球はマルモである（？）

地球は貧困，温暖化，格差，水質汚染，紛争など様々な問題を抱えている．一方で，人間も高血圧や糖尿病，COPD，脳梗塞，喫煙飲酒習慣や貧困，居住地の問題を抱えている．このような複数の疾患をかかえている状態をMultimorbidity(多疾患併存：マルチモビディティ：以下マルモ)という．マルモは単に疾患の総和ではなく，心理社会的要因，健康行動や複数の臓器システムの調節障害によって自己増殖性の悪循環を起こすと言われている．なぜなら細胞や器官のレベルから家庭から社会的環境まで相互作用とフィードバックが行われているからである．すなわち，マルモは目に見える病気のプロセス（高血圧の薬物治療など）をいじるだけでなく，症状を緩和するだけでもなく，「障害の原因」のバランスを取ることに焦点を当てなければならないのである[1]．具体的には，社

会経済的地位の低さや虐待，教育水準の低下，経済的不安，余暇時間の減少，不健康な行動はマルモを発症する可能性が高くなり，薬物乱用や加工食品中心の食生活はマルモを促進しているのである．仮に，このような人間の抱えるマルモの問題を，地球を人間に見立てて考えると「地球もマルモのようなものである」ということになるだろう．ここに複雑な要因が絡まっている地球の環境問題にどう関わっていくかのヒントがあるのではないか．

総合診療のマルモに対するアプローチ

Box 1にマルモのアプローチ方法である「マルモのトライアングル」を示す．全体の流れとしては，どのような多疾患パターンなのか，生命やADLに関わる問題は何か，ハイリスク薬はないか，社会的問題があるのかなどのマルモに関わる問題点を網羅的に確認する「STEP1 マルモのプロブレムリスト」と，患者の能力（病気に対する理解，サポート体制，レジリエンス）を強化し，患者の負担（ポリファーマシー，ポリドクター，ポリアドバイス）をなるべく軽くするようなバランスを意識する「STEP2 マルモのバランスモデル」，実際の介入を四則演算になぞらえた「STEP3 マルモの四則演算」で構成されている．詳細は引用文献をご参照いただきたい．

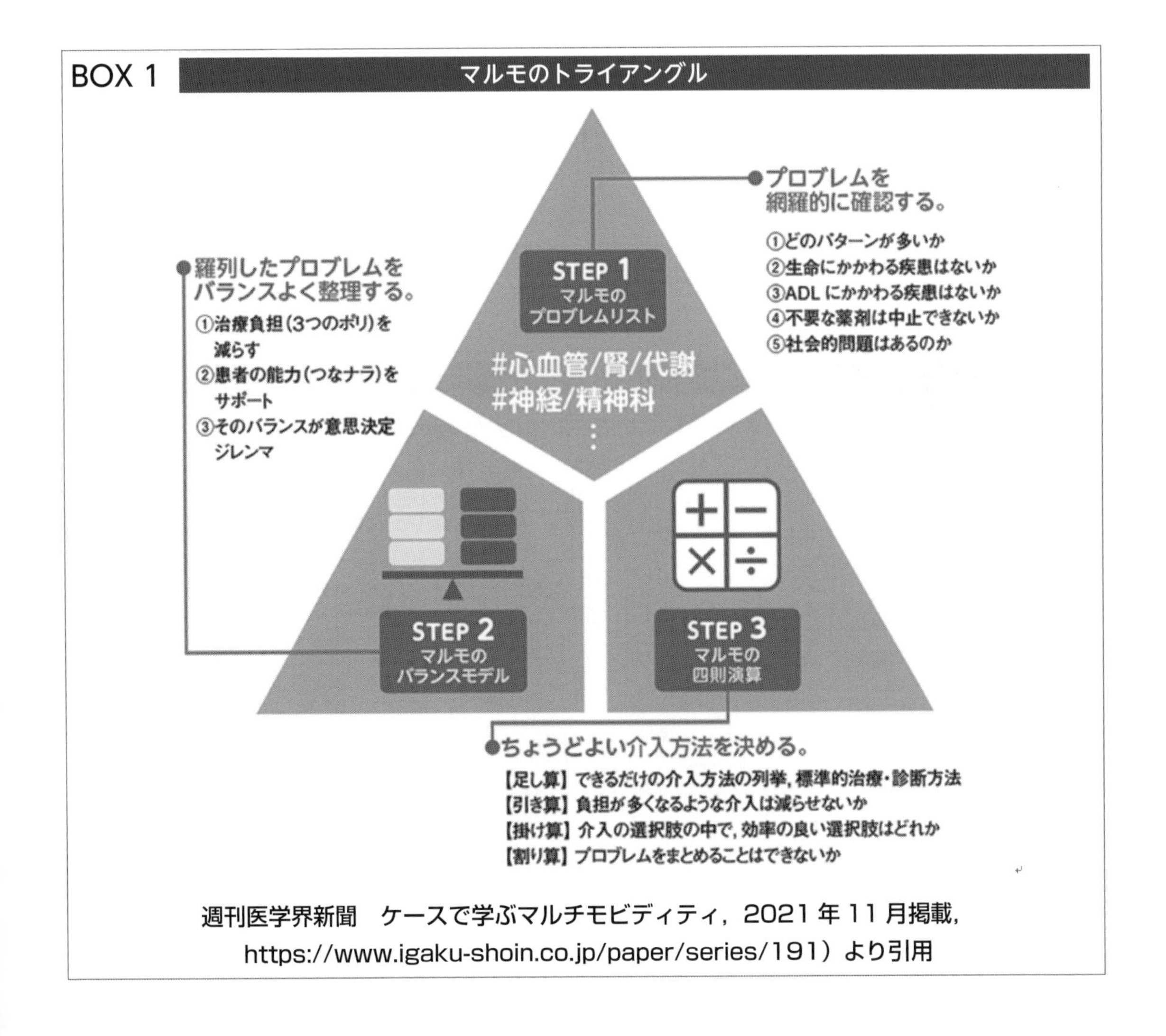

週刊医学界新聞　ケースで学ぶマルチモビディティ，2021年11月掲載，
https://www.igaku-shoin.co.jp/paper/series/191）より引用

人体の複雑性と同様に地球の複雑性を考える

Box 1をアレンジしてBox 2に地球というマルモにアプローチする方法を表す．これは「人類の健康を救うことは地球を救うことと同じ」と考え，地球の問題点をマルモのトライアングルでアプローチする方法である．ひとつひとつ見ていこう．

STEP1 全体像をみて，専門職・個人の視点で関われそうな領域を見つける

まずは地球の問題点を①～⑤の視点でまとめることから始めたい．

① 地球全体の問題を把握する
② 致命的な問題はどこか
③ 優先すべき益はどこか
④ 専門職として介入しやすい問題点はどこか（ヘルスケア領域での問題）
⑤ 個人として他に関心のある領域の問題はどこか（個人の関心のある領域での問題）

まず①の地球全体の問題を捉えると直感的に理解しやすいのはSGDs（Sustainable Development Goals：持続可能な開発目標）が掲げる17の目標であろう．具体的には，貧困，飢餓，健康と福祉，教育，ジェンダー，水，エネルギー，働きがいと経済成長，産業と技術革新，不平等，居住地，消費と生産，気候変動，海洋資源，陸上生態系，平和と公正，グローバル・パートナーシップである．次に②は致命的な問題点や③優先すべき益であるが，地球規模でこの問題に取り組んでいる現在において，どの問題も「待ったなし」の状態であるため，どこから着手しても間違いではないだろう．では④ヘルスケアの専門家としてどこに介入すればよいだろうか．総合診療医として直結する目標としては，あらゆる年齢のすべての人の健康的な生活を確保し，福祉を推進することが行動目標として考えやすいであろう．最後の⑤は個人の得意なところによって介入しやすい問題は異なるため，貢献しやすい課題はないかを探してみると良い．例えばSDH（Social Determinants of Health：健康に影響を及ぼす社会的要因）について何か取り組みたいと考えていれば，貧困や飢餓への対策や衣食住へのサポート，教育の提供など

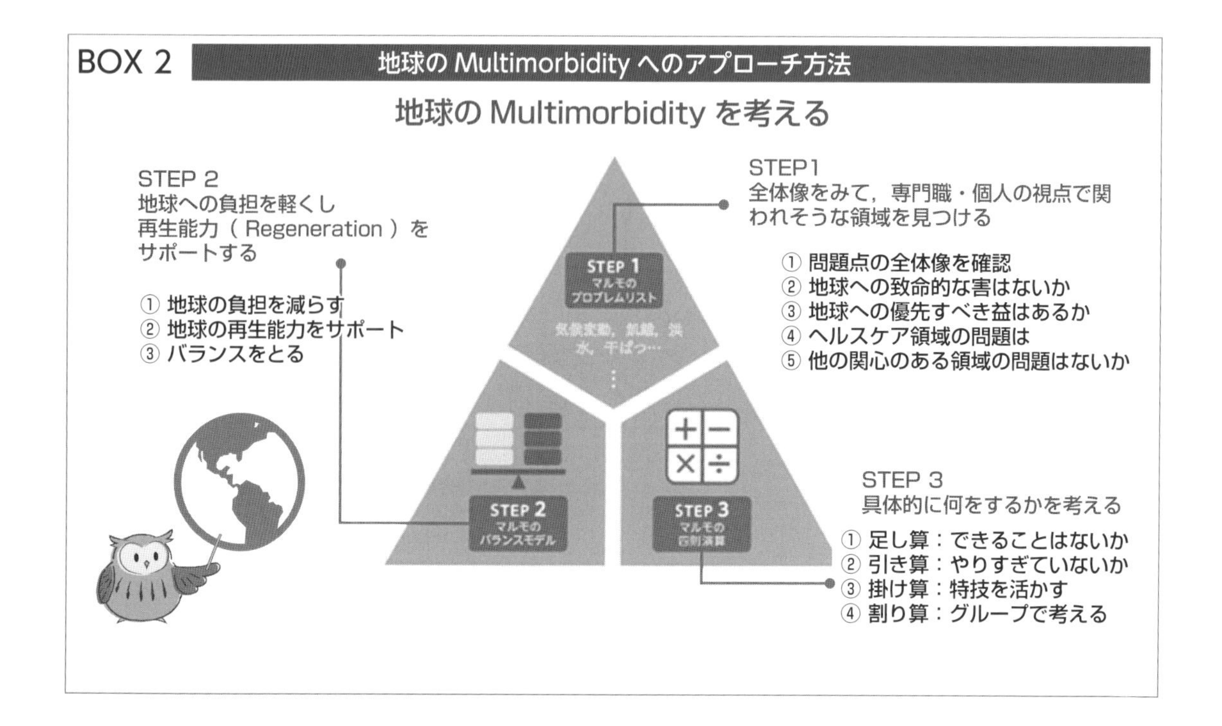

も良いだろう．もちろん海に興味がある方も山に興味のある方もいるだろう．少しでも興味のある分野でアプローチしていけばよい．この文章を読んでいる方々はおそらく関心領域として「気候変動対策」があると思われるため，強みを活かしながら専門性を発揮するのであれば「ヘルスケア×気候変動」で一歩を踏み出してみてはどうだろう．

環境に対してヘルスケアがすべきことは山ほどある

気候変動は健康の社会的環境的決定要因（きれいな空気，安全な飲料水，十分な食料，安全な避難所）に影響をあたえると言われている．2030年から2050年の間に，気候変動により，栄養失調，マラリア，下痢，熱関連疾患により年間25万人がさらに死亡し，健康への直接的な損害費用（農業，水，栄養などの健康決定要因は除く）は2030年で年間20～40億ドルと推定されている．

Climate change and health [2] では，より良い輸送，食物，エネルギー利用を通じて温室効果ガスの排出を削減することで，大気汚染の削減を通じて健康の改善に繋がる可能性がある．

また，環境全体に対しては海（サンゴ礁・プランクトン・洪水），森林（熱帯雨林・火災），土地（土地の回復・干ばつ），人間（宗教・女性の社会進出・貧困格差・教育・公衆衛生），産業（経済・ヘルスケア・軍事・政治），エネルギー（風力・太陽・電気・地熱），食糧問題（フードロス・植物・昆虫食）など様々なキーワードがあるため，環境問題の中でも興味のあるところに少しずつ取り組むとよいだろう．特にヘルスケアではBox 3に掲げたような健康リスクを意識した医療，例えば熱中症や喘息，アレルギー，心血管疾患，精神疾患のコントロールのための温暖化･気候変動対策，感染症のコントロール，代替医療や非薬物療法（薬を減らす），患者を臓器の集合体と考えず，システムと考えた健康増進を考えることが地球によい影響を及ぼすため，まずは具体的に取り組めそうなことをピックアップしてみるとよいだろう．

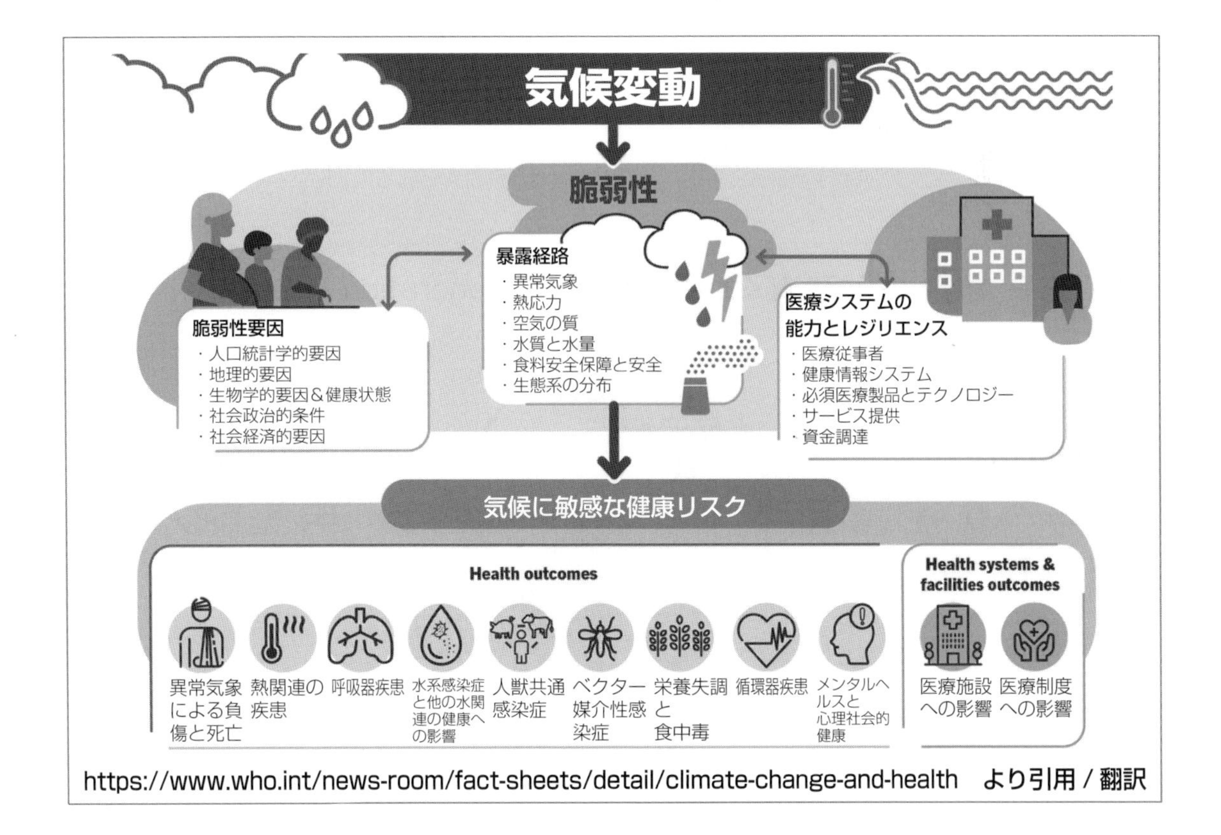

気候変動を意識した日常診療の例

それでも日々の臨床で気候変動は意識していないという方もおられるであろう．では熱中症対策について患者に説明したことはないだろうか．熱中症への対策も気候変動を意識した医療である．例えば，夏場だけは運動・農作業しすぎないようにという生活指導や，夏場は利尿剤を減量するなどの処方の工夫や，夏より冬のほうが太るなどの気候による体重の変化を考慮することも気候変動を意識した医療の実践と言える．また，車での移動が増えて肥満になり糖尿病になった患者に，車から自転車での通勤をおすすめするだけで，運動療法にもなり，車による排気ガスの低減にも繋がり環境にも良いアプローチとなっている．

医師の言葉には力がある

国内での禁煙への取り組みでは，喫煙と健康は直接関連しているので医師が呼びかけをしやすく，結果として喫煙者の割合も低下し禁煙スペースも増えてきている．同様に新型コロナへの取り組みもワクチンの推奨，マスク・三密回避の推奨など医師の意見は大きな影響を与えた．もし，医師が患者さんに「あなたの行動は環境にこう影響していますよ」と指摘すると，小さな言葉が大きな影響を及ぼすかもしれない．医師の言葉には力があるため，気候変動対策の重要性について声を出すことが重要である．

STEP 2 地球への負担を軽くし再生能力（ Regeneration ）をサポートする

STEP2 は地球の負担を軽くして，地球の再生能力をサポートすることである．建築家兼デザイナーの William McDonough は" Being Less Bad is Not Being Good. "（悪い影響を少なく活動しようとすることは，別に良いことをしているわけではない．）と述べている．環境負荷ができるだけ低い建築を作ろうとするのではなく，そもそもの建築のシステムを変えようという意味である．ここで重要なキーワードは，再生（Regeneration）である．

持続可能性（Sustainability）から再生（Regeneration）へ

Regeneration は地球資源が枯渇しないように持続させていくという Sustainability に対して，その環境をより良い状態に再生させるという意味である．（Box 3）持続可能であっても資源の枯渇には間に合わないため，今ある自然を更に増やし，活用するということである．具体的には，木を植えてハチのすみかを増やしたり，サンゴを増

STEP 2 地球への負担を軽くし再生能力（ Regeneration ）をサポートする

行動の
地球への影響を
軽くしつつ

地球の
再生能力を
活かす

持続可能性（サステナビリティ）から再生（リジェネレーション）へ

やすことでプランクトンを増やしたり，植物の力を活用して土壌汚染を改善することが挙げられる．これらの行動により土壌が豊かになり，人々は自然のシステムからの恩恵を受けてWell-beingを保つことができる．自然の力を支えることで，土砂崩れを阻止したり，きれいな水を作ったり，生物多様性を守っているのである．このようにRegenerationを意識した取り組みを意識しながら，具体的な活動を行っていきたい．

STEP3　具体的に何をするかを四則演算で考える

STEP 1では多岐にわたる問題点にヘルスケアの専門家として関わりつつも，個人の興味のある分野を見つけることであった．STEP 2ではRegenerationの視点で地球のもともと備わっている自然の力を高めるように意識することとであった．最後のSTEP 3では実際にアプローチをするわけであるが，重要な視点は四則演算である．足し算（できることはないか），引き算（やりすぎていないか），掛け算（特技を活かす），割り算（グループで考える）という考え方である．例えばCenter for Climate Change & HealthのWebサイトでは，総合診療医が個人として，組織として行動する例を提示している．(**Box 4**) これらの中で優先すべきは掛け算（特技を活かす），割り算（グループで考える）である．例えば一人ひとりの努力は微々たるものかもしれないが，グループで団体やコミュニティに向けたパンフレットを作成すると，大きな影響を及ぼすかもしれない．また，個人での活動でも運動が得意なことであれば，通勤を自転車にすることで長続きし，周囲への好影響を及ぼすだろう．

また，足し算の発想は**Box 4**にあることを実践することとすれば，引き算の発想は「肉の消費量を何でもかんでも減らせばいいというわけではない」と考えることである．個人レベルで肉を食べるのを控えるよりも，無理しない範囲で肉の代わりになにか食べるものをバランス良く用意するだけでもストレスのない介入ができるだろう．

BOX 3　Sustainable から Regenerative への環境配慮型デザインの軌跡[3)]

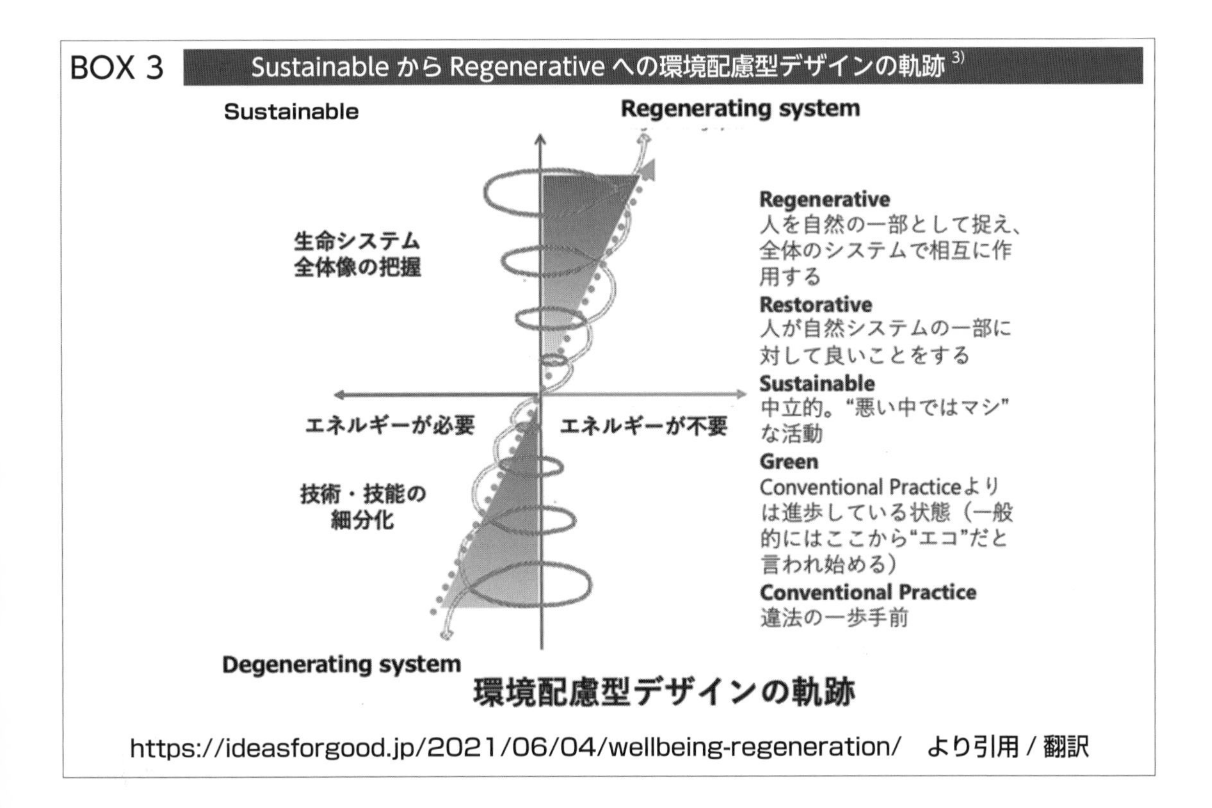

https://ideasforgood.jp/2021/06/04/wellbeing-regeneration/　より引用 / 翻訳

最後に

これらのアクションを今日から実施するというのはなかなか難しいだろう．仲間同士で環境問題について話をしてみたり，本書を共有して具体的なアクションを一緒にしないかと提案したりするとよい．仲間を増やし，一人でいくよりも少ない労力で大きな影響を生み出せるような成功体験を積み重ねて，何か少しでも気候変動に取り組めるようになれば幸いである．

文献

1） 'Multimorbidity' as the manifestation of network disturbances PMID: 27421249 J Eval Clin Pract. 2017 Feb;23(1):199-208
2） WHO 30 Oct 2021 https://www.who.int/news-room/fact-sheets/detail/climate-change-and-health
3） https://ideasforgood.jp/2021/06/04/wellbeing-regeneration/
4） https://climatehealthconnect.org/wp-content/uploads/2016/09/PhysicianActionGuide.pdf

BOX 4 総合診療医が個人として，組織として行動する例[4)]

① 個人の行動

自動車を使わず，徒歩や自転車で移動する．低炭素車や非炭素車に乗る．
肉の消費量を減らし，地元の新鮮な旬の食材を購入する．
家庭やオフィスで省エネを心がける．
再生可能エネルギーを購入する．

② 患者への配慮

気候変動と健康に関するパンフレット，ファクトシート，ポスターなどをオフィスに置く．
患者教育資料（疾病管理計画，退院資料，投薬シート）に気候変動と健康を取り入れる適切な方法を探す．
熱がインスリンの保存や投与に与える影響について患者を教育する．
気候変動の影響が疾病管理およびケアプロトコルで扱われていることを確認する．
家庭訪問や家庭環境評価に気候変動評価を取り入れ，適切なリソースを紹介する
受診間隔をなるべく伸ばし，遠隔診療を導入する．
プライマリ・ケア機能を分散化する．身近なところに健康相談ができるリソースがある事を目指す．薬局や鍼灸院，スーパーマーケットなどに臨床推論を学んだNP（ナースプラクティショナー）などを配置する．
環境に配慮した処方をする．ポリファーマシーや残薬問題への取り組み．温室効果ガスを含む吸入薬（インヘラー）の見直し．
鍼灸やマッサージなどの補完代替医療の再評価をする．

③ 組織的・専門的アクション

気候変動の緩和と適応のためのエネルギー効率と調達戦略について，診療所や病院の施設運営者に相談する．

次頁に続く

廃棄物処理のための埋立地や焼却場の使用を最小限にする.
輸送に関連する排出を削減するために，現地で供給品を調達する.
診療所や病院の食事は，地元で持続可能な方法で調達する.
気候変動が健康に及ぼす影響と，それに対処するための戦略について話す.
同僚と一緒に気候変動による健康への影響とその対策について話す.
自分のクリニックがこの問題に対処するために行っていることを発表する.
決議，ポジションペーパー，会議のテーマなどを通じて，気候変動を健康上の優先テーマとして取り上げるよう，専門機関や団体に働きかける.
気候変動に関する論文や報告書を作成する.
気候変動に取り組む多職種と連携する.
ヘルスケアの担い手である医療者への教育に組み込む.

④ コミュニティへの貢献

気候変動が健康に及ぼす影響と，それに対処するための戦略について，地元の教会やクラブ，地域の会合，教育委員会，市議会，保護者会，商工会議所で話す.
地域健康フェア，季節のお祭りなどで気候変動と健康に関する情報を提供する.
安全な通学路，自転車専用レーンなどのゾーニング
コミュニティガーデンの作成
地域の気候変動対策計画を作成する
リスクのある地域住民をピックアップして地域で対策をする.
（燃料貧困 fuel poverty(収入の 10%超が燃料費) への取り組みなど）

⑤ ポリシー＆アドボカシー活動

地元の県議会議員や市議会議員に手紙を書き訪問する.
気候変動が健康の公平性の問題であることを理解してもらい，継続的なアドボカシーのための関係を構築する.
気候変動に対処する法案（住宅，交通，水，農業などの関連法案）の健康上の利点について，証言やコメントを提供する.
地元紙や地域新聞に，気候変動と健康の公平性の関連性についての論説を書く.
時事問題を利用する. 関連する出来事の後, 気候変動や健康との関連性について編集者に手紙を書く.
地元のラジオやテレビの番組で，気候変動と健康について話す.

https://climatehealthconnect.org/wp-content/uploads/ 2016 / 09 / PhysicianActionGuide.pdf を引用 / 翻訳，改変

医療保健分野での気候変動対策 ―国際的な動向―
Climate Actions in the Health Sector: Global trends

長谷川 敬洋
Takahiro Hasegawa, MSc, MEng

在ドイツ日本大使館
Hiroshimastrasse 6, 10785 Berlin, Germany
E-mail: Takahiro.hasegawa@gmail.com

提言

- 気候変動は，健康リスクの増加をもたらす．また，保健セクターは世界の温室効果ガスの約５％を排出する主要な原因者でもある．
- 国際的には，WHOや気候変動枠組条約において保健セクターの気候変動対策が大きく取り上げられてきており，先進国における対策も進展している．
- 2020年代は気候変動問題の「勝負の10年」．保健セクターにおける気候変動対策が求められる．

要旨

気候変動は，熱中症等の直接的な健康リスクの増加に加え，感染症の拡大や食糧・水不足等を通じた間接的な健康リスクの増加をもたらす．保健セクターからは世界の温室効果ガスの約５％が排出されており，気候変動問題の主要な原因者という側面ももつ．

昨年開催された気候変動枠組条約COP26では，英国等14の国が，遅くとも2050年までに保健セクターからの排出量をネットゼロにすることを宣言し，アメリカを含む約50の国が，気候変動に強い低炭素な医療システムの構築について約束した．英国やアメリカでは，政府機関や学会が中心となり，州・都市レベルさらには個別の医療機関レベルで気候変動に対して強靭な保健システムを作るためのプロジェクトが進められている．

2020年代は気候変動問題の「勝負の10年」と言われており，計画や宣言ではなく，実際の行動が求められている．今後ますます，保健セクターにおける気候変動対策が求められる．

Highlight

Climate change increases health risks, including heat stroke and so-called indirect risks through the spread of infectious diseases, shortages of food and water. At the same time, health sector is one of the major emitter of greenhouse gas (GHG), where around 5% of world's GHG emitted from health sectors.

To accelerate climate actions, at the COP26 in 2021, 14 countries including the UK declared that CO_2 emissions from health sectors should be net zero at the latest by 2050, moreover 50 countries including the US committed to build resilient low carbon health systems against climate change. Both in the UK and the US, government agencies and scientific societies promotes the projects for strong health systems against climate change for at the level of states, cities and each healthcare institution. The years of 2020s are called "decisive decade" for climate actions; actual actions are needed rather than plans or commitment. Climate actions in health sectors will be more and more expected in 2020s.

Keywords：気候変動（climate change），保健セクター（health sector），COP26（COP26），決定的な10年（decisive decade）

はじめに

気候変動対策において，保健セクターに期待されている役割は極めて大きい．また，多くの医療関係者は，気候変動が健康に対するリスクを高め，その対策が必要であることを強く認識している．

しかし残念ながら，保健セクター全体としては，気候変動対策の優先順位は決して高くないのが現実である．

とはいえ，気候変動は現に生じている現象であり，その影響は今後ますます悪化していくと予測されている．IPCC（気候変動に関する政府間パネル）の最新の報告によると，人為起源の気候変動により，自然の気候変動の範囲を超えて広範囲にわたる悪影響とそれに関連した損失と損害を引き起こしていること，気温上昇を1.5℃付近に抑えることで影響の大幅な低減につながること，気温上昇を1.5度に抑えるためには，世界全体の排出量を2025年には減少に転じさせ，その後，大幅に削減する必要があることが言われている[1]．

本稿では，保健セクターでの気候変動対策について，国際場裏や世界各国の状況を俯瞰し，もって今後日本においても求められるであろう対策について示唆を与えることを目的とする．

保健セクターにおける気候変動対策

気候変動対策には，その原因物質である温室効果ガスの排出量を削減する「緩和」(mitigation)と，気候の変化に対して自然・社会・経済システムを適合させ気候変動による影響を軽減する「適応」(adaptation）の二本柱がある．気候変動に起因するリスクを低減させるためには，適応と緩和の双方について，現在と将来の影響を把握し，最適なレベルでの対応を実施することが必要となる．

1）適応

適応とは，気候変動がもたらす影響に対して，自然や人間システムの脆弱性を軽減するための取り組みや対策を指す．保健セクターという文脈では，気候変動が健康に与える影響から人々を守るためのあらゆる行動を意味する．

気候変動が健康に与える影響としては，熱波による熱中症等の増加といった直接的な健康リスクの増加のほかにも，病原体やその媒介動物の地理的分布の変化による感染症の分布の変化，異常気象（熱波，干ばつ，山火事，洪水，嵐など）の増加による外傷事例の増加，さらには人間システムを介した影響（職業上の影響，栄養不足，メンタルヘルス）が挙げられる．また，気候変動による影響に伴い，保健システムそのものに更なるストレスがかかることが想定されることから，保健システムの耐性・回復力の増加も検討課題となりえる．

2）緩和

緩和とは，温室効果ガスの排出を抑制することにより，気候変動の範囲や速度を抑制する行動をいう．保健セクターは，電力や鉄鋼等と比べれば比較にならないほど温室効果ガスの排出量は少ないものの，それでも世界の温室効果ガスの約５％を排出していると推計されており[2]，気候変動問題の原因者として少なくない地位を占めていることを忘れてはならない．

保健セクターから発生する温室効果ガスの主たる要因は，医療機器や検査設備等の利用に伴うエネルギー消費と，建物の利用（照明，空調等）に伴うエネルギー消費があげられる．エネルギー転換（空調，照明，給湯設備の更新）や省エネ対策を講じることにより，エネルギー使用量を削減し，ひいては温室効果ガスの削減につなげることができると考えられる．

国際的な保健セクターの気候変動対策の動向

1）国際機関（WHO，気候変動枠組条約等）

多くの国際機関・組織において，保健分野又は気候変動分野の取組が行われているが，その中でも特に影響力が大きい国際機関・組織である世界保健機関(WHO)と気候変動枠組条約（UNFCCC）の取組に焦点をあてて紹介をする．

まずWHOでは，2019年の世界保健総会において「健康，環境，気候変動に関するWHO世界戦略」[3]を採択し，2030年に向けて気候変動分野において保健セクターがどのように取り組んでいくかを検討することとした．その成果の一つとして，2021年10月に「気候行動に向けた健康論」という特別報告書として公表され[4]，気候変動における保健分野が講ずべき10の事項を提言した．

そして，この提言は，英国グラスゴーにおいて開かれたUNFCCC第26回締約国会議（COP26）*において報告された．

そのCOP26では，政府間交渉とは別に，様々なテーマに沿ったイベントが連日開催されたが，保健も主要なテーマの一つとして取り上げられた．特に，COP26議長国である英国政府，WHO，UNFCCCが設置した「COP26ヘルスパビリオン」では，２週間にわたり60以上のイベントが連日開催され，大きな注目を浴びた(Box 1)[5]．また，会期中に行われた「保健と気候変動に関する世界会議」(Global Conference on Health and Climate Change）では，先進国・途上国問わず，約50カ国が気候変動に対して耐性があり低炭素の保健システムを作り上げていくことに約束するという過去に例のない成果を上

BOX 1　COP26ヘルスパビリオン

げた(**Box 2**). また，同会議では，国家レベルでの誓約に加えて，21カ国54機関，14,000以上の医療機関が，UNFCCCが主導して行っている気候変動対策の取組プロジェクトである「Race to Zero」に参加し，2050年までの気候中立（温室効果ガスの排出量を実施的にゼロにすること）することに誓約した.

このような保健セクターがCOPの場で注目を浴びることは，過去30年にわたるCOPの歴史において初めてのことであり，今後の動向に注視が必要である.

2）主要国の動向

①アメリカ

アメリカのバイデン政権は，2030年までに米国全体の温室効果ガス排出量を50～52%削減するという目標を掲げている. 特に，アメリカでは保健セクターからの温室効果ガスの排出量は全体の8.5%に達するとの報告があり[6]，保健システムの脱炭素化に向けた取り組みが求められている.

この政府目標に呼応して，様々な政府機関において保健セクターでの具体的な対応策について検討が進められている. まず米保健福祉省には「気候変動・健康公平性事務局」（The Office of Climate Change and Health Equity）が設置され，気候変動と保健に関する戦略策定と実施を担うこととなった. また,疾病管理予防センター（CDC）では，各州や都市と連携して，気候変動に対して強靭な保健システムを作るためのプロジェクトが進められている. さらに環境保護庁（EPA）においても，保健セクターに特化した数多くの報告書が作成され，いずれも医療機関に無料で提供されている.

②英国

英国のジョンソン政権は，温室効果ガスの排出量を1990年比で2030年までに少なくとも68%削減，2035年までに78%削減するという目標を設定している. また，2050年までに温室効果ガスの排出量を実質ゼロにするという目標を法制化している.

BOX 2　COP26 コミット国

	気候変動に強い健康システムの構築	低炭素で持続可能な健康システムの構築	ネットゼロ目標年
アルゼンチン	○	○	×
バハマ	○	×	×
バーレーン	○	×	×
バングラデシュ	○	○	×
ベルギー	○	○	2050
ベリーズ	○	○	×
ブータン	○	○	×
カナダ	○	○	×
カーボベルデ	○	○	×
中央アフリカ共和国	○	○	×
チリ	×	○	×
コロンビア	○	○	×
コスタリカ	○	○	×
ドミニカ共和国	○	○	×
エジプト	○	×	×
エチオピア	○	○	×
フィジー	○	○	2045
ドイツ	○	○	×
ガーナ	○	○	×
インドネシア	○	○	2030
アイルランド	○	○	×
ジャマイカ	○	○	×
ヨルダン	○	○	2050
ケニヤ	○	○	2030
ラオス	○	○	×
マダガスカル	○	○	×
マラウィ	○	○	2030
モルディブ	○	○	×
モロッコ	○	○	2050
モザンビーク	○	○	×
ネパール	○	○	×
オランダ	○	○	×
ナイジェリア	○	○	2035
ノルウェイー	○	○	×
オマーン	○	○	×
パキスタン	○	○	×
パナマ	○	○	×
ペルー	○	○	2050
ルワンダ	○	×	×
サントメ・プリンシペ	○	○	2050
シエラレオネ	○	○	2035
スペイン	○	○	2050
スリランカ	○	○	×
タンザニア	○	○	×
トーゴ	○	○	×
チュニジア	○	×	×
ウガンダ	○	○	×
アラブ首長国連邦	○	○	×
英国	○	○	2040
アメリカ	○	○	
イエメン	○	○	2050
	50	46	14

英国の取組で特筆すべきは，大学，英国医師会，学会，ジャーナル（Lancet，British Medical Journal）など21の団体が中心となり立ち上げられた「英国気候変動に対する保健セクター同盟」（UK Health Alliance for Climate Change）である．この組織は2016年に設立され，気候変動に対応する保健システムの構築に向けて様々な取ち組みを行ってきている．その中には，定期的に医療関係者向けに気候変動と保健についてのオンラインセミナーの開催や，専門家によるパネルディスカッションの開催が含まれ，いずれも医療関係者に対しての普及啓発活動として機能している．

③ドイツ

ドイツでは，2021年12月に3党（社会民主党；SPD，緑の党，自由民主党）から成る連立政権が発足し，より気候変動対策に積極的な政策をとる政権が樹立した．またドイツは2022年のG7議長国であることから，気候変動をG7の中心議題の一つとして設定し，保健を含むあらゆる分野において気候変動対策に積極的な提言と取組を行うよう，リーダーシップを発揮している．

ドイツは地方分権が進んでおり，気候変動対策の主体も連邦政府ではなく州政府が担っている．具体的な取り組みとしては，欧州では近年熱中症患者が急増していることを受け，気候変動と熱中症に関するガイドラインや予防プロジェクトを運営しているほか，医療従事者に対する予防策に関するトレーニングプログラムや早期警報システムなどの整備等が，州政府の主導により進められている．

今後の動向

気候変動対策については，2030年までの今後10年間でどこまで気候対策を進められるかで将来の影響は大きく変化することから，この10年は「決定的な10年」（decisive decade）として特に行動が求められている．これは保健セクターも例外ではない．特に，これまで保健分野の関心は比較的適応策が中心であったが，保健セクターそのものが大規模排出事業者であることから，今後は緩和について問われてくると思われる．

気候保護は健康保護につながる．保健セクターにおいても，気候変動を意識した計画や戦略の策定と実施が不可欠となってくる．「決定的な10年」において，気候変動対策においても保健分野が果たす役割は，これまで以上に大きくなってくるであろう．

Glossary

* COP: Conference of Parties (締約国会議) のこと．気候変動枠組条約に基づく政府間交渉を行う場として毎年開催される会議であるが，2015年のパリ協定合意以降は，主役が政府交渉から，様々な主体（民間，自治体，NGO等）による「行動」に注目が集められるようになっている．

Reference

(引用文献)

1) IPCC Six Assessment report, https://www.ipcc.ch/
2) International comparison of health care carbon footprints, Peter-Paul Pichler et al 2019 Environ. Res. Lett. 14 064004
3) WHO global strategy on health, environment and climate change: World Health Organization, 2020
4) COP26 special report on climate change and health: the health argument for climate action, World Health Organization, 2021
5) COP26 Health Pavilion https://www.who.int/images/default-source/health-and-climate-change/cop26/health-pavilion-programme-final.png?Status=Master&sfvrsn=fddc65d1_5

(参考文献)

6) Victor J. Dzau et.al. Decarbonizing the U.S. Health Sector — A Call to Action. N Engl J Med. 2021; 385:2117-2119

気候変動と感染症（ベクター媒介性疾患）
Climate Change and Infectious Diseases (Vector-borne diseases)

石岡 春彦
Haruhiko Ishioka, MD, PhD, DTMH

国立国際医療研究センター病院　AMR 臨床リファレンスセンター
〒162-8655 東京都新宿区戸山 1-21-1
E メール：ishioka-sin@umin.ac.jp

提言

- 感染症の中でもベクター媒介性疾患は気候変動の影響を受けやすいと考えられている．今後疫学が変化していく可能性があることに留意しておくべきである．
- グローバルな視点から国内外の感染症発生状況と人間活動に着目し，情報収集およびリスクの共有を行っていくことが重要である．
- 臨床医はアウトブレイクなどの公衆衛生的危機を察知しうる前線に立っている．熱帯地域に特有な疾患であっても臨床像について学んでおく必要がある．

要旨

ベクター媒介性疾患（VBDs）は，原因となる病原体が節足動物等の体内で一定期間を過ごすことから，気候変動の影響を受けやすいと考えられている．マラリア，デング熱，黄熱病など多岐に渡る疾患が含まれる．気候変動により VBDs が増加する可能性については明確な結論が出ていない．その予測には，気候変動が節足動物や病原微生物の生態に与える影響についてさらなる実証的研究が必要と考えられる．また，森林の減少や都市化，人流など多数の因子も考慮し，多角的な視野から検討する必要がある．一方，臨床医として VBDs の疫学が変化していく可能性は想定しておくべきである．対応策として，国内外の感染症流行情報の収集や知識のアップデート，移民の動向や国際情勢に伴うリスクの認知，教育啓発活動などが挙げられる．臨床医は，地球変動や社会経済のグローバルな動きに目を向けつつ感染症の動的変化に対応していくことが求められる．

Highlight

Vector-borne diseases (VBDs), such as malaria, dengue, or yellow fever, could be affected by climate change, since the pathogens spend part of their lifecycle in arthropod vectors which is sensitive to changes in climate. However, there is no consensus on how climate change impacts the spread of VBDs. Further empirical studies to elucidate the association of climate change with the biology of arthropods and microorganism are warranted. In addition, environmental and socioeconomic factors of deforestation, urbanization, and global human movement must be considered to predict the epidemiology of VBDs. General physicians should recognize the latent threat from the epidemiological changes of VBDs in near future. Researching the latest information of global infectious disease outbreaks, updating knowledge of tropical diseases, being aware of the news for international conflict, migration, or disasters, and educational activity for general population could be potential countermeasures. Physicians must respond to the dynamic alteration of the epidemiology of VBDs in the framework of global change.

Keywords：気候変動（climate change），ベクター媒介性疾患（vector-borne diseases），マラリア（malaria），デング熱（dengue）

背景

感染症の中でもベクター媒介性疾患（vector-borne diseases, VBDs）は気候変動の影響を受けやすい疾患グループの一つと考えられている[1]．ベクターとは病原体を媒介する生物を指し，蚊やダニなどの節足動物が代表的である．これらによって伝搬されるVBDsは，マラリア，デング熱，ジカ熱，チクングニヤ熱，黄熱病，日本脳炎などがある（**Box 1**）[2]．ベクターとなる蚊も病原体ごとに種類が異なり，マラリアはハマダラカ，デング熱はヤブカ，日本脳炎はイエカが媒介する．ダニによって媒介されるライム病や国内ではツツガムシ病でよく知られるリケッチア症もVBDsに含まれる．日本ではなじみが少ないが，リーシュマニア症やトリパノソーマ症などの原虫疾患も地域によって大きな疾病負荷となっている．なお，VBDsの中には，日本脳炎やライム病などヒト以外の哺乳類をリザーバーとする人獣共通感染症としての側面を持つ疾患もあり，より複雑な生活環を形成している場合もある．

VBDsが気候に影響を受ける理由は，原因となる病原体がヒトの外部で一定期間を過ごすことに由来する．媒介生物である節足動物は，体温が環境に左右され（外温動物），幼虫の成長段階に特定の湿度が要求される[3]．気候変動は，節足動物の寿命や増殖速度，吸血頻度，生息地域や活動期間の変化をもたらす可能性があり，VBDsの拡大のリスクとなることが懸念されてきた．

近年，気候変動とVBDsの関連性を調査した研究の報告数は増加傾向にあり，その中で多くの数理モデルが温暖化によりVBDsは増加すると予測している[4,5]．これらの研究を包含したレビューや提言は複数発表されているが，結論は一定しておらず，現状では気候変動の影響についてのコンセンサスが得られているとは言い難い[1,4,5]．

気候変動の影響に関する結論を導き出すことが難しい理由はいくつか考えられる．気候変動のパラメータである気温や降水量は節足動物の増殖とは非線形の関係にあることが報告されている[6,7]．気温の上昇が蚊の個体群動態に実際にどのような影響を及ぼすのかを理解するには実証的な研究が不足している．また，気候が病原微生物に及ぼす影響についても未解明のことが多い[5]．例えば，平均気温の上昇や気温の日内変動の増大が外部潜伏期間 extrinsic incubation period（ベクターが病原体を獲得してから感染性を有するまでの期間）を短縮するのかというと，病原微生物ごとに詳細な評価が行われているとは言えず，関連性を明確に言うことは難しい．正確な予測モデルを構築するためには，より多くの実証研究によってこのような知識のギャップを埋めていく必要がある．

そもそも気候変動はVBDsの増減に影響するドライバーの一つに過ぎない．森林伐採，都市化，食糧生産様式の変化，グローバル化による人間の移動，抗菌薬の使用，紛争，移民の増加，野生動物の分布など，多くの因子がVBDsの流行状況に影響を与えると考えられている[8]．ウエストナイルウイルスが北米で拡大したのは，気候的な適性が背景にあったものの，渡り鳥による散布が主因であったと推測されている[5,9]．すなわち，気候変動は地球変動プロセスの一つであり，VBDsのリスクは複数の因子を含んだ複雑なモデルによって評価する必要がある．そのような観点からは，リスク予測モデルはグローバルレベルより短期的かつ地域レベルの領域を対象とするほうが構築しやすい．

次に具体的な重要疾患であるマラリアとデング熱にフォーカスして述べる．世界全体のマラリアの推定症例数と死亡者数は持続的に低下していたが，2015年から減少速度が緩やかとなった．2020年以降はCOVID-19パンデミックがマラリア対策を後退させ，症例数と死亡者数いずれも増加に転じた[10]．マラリアの疫学は土地利用や社会経済との関連が大きいと考えられている[5]．世界の年平均気温が上昇しているにも関わらず，マラリアの地理的分布は大幅に削減した．これは，予防戦略の推進や診断治療の普及など疾病コントロールによるのはもちろんだが，経済発展，森林の減少，衛生状態の改善などの要因も大きく影響していると考えられる．そして，パンデミックや紛争，自然災害などによる既存システムの破綻によりマラリアの疾病負荷は顕著に増加する．政情不安定となったベネズエラのマラリア症例数は2015年以降激増した．気候変動の影響はこれらの要因によって打ち消される．ただし，東アフリカの高原地帯など一部の地域では，気温の上昇がマラリアの増加の潜在的要因となっている可能性がある[3,11]．一方で，今後気温が上昇したとしても，欧州，米国，アジア温帯地方などでマラリアの大規模な流行が発生するとは考えにくい[3,8]．なぜなら，上述のように医療・保健衛生の発達や土地利用など他の要因が発生確率を減少させる方向に働くためである．しかし，ギリシャでの三日熱マラリアの地域的なアウトブレイク[12,13]，イタリアでの熱帯熱マラリアの院内伝搬[14]，などの憂慮すべき事例は発生している．気候変動に伴って，非流行地域における散発的な発生には今後も注意が必要である．

一方で，世界におけるデング熱の発生率は50年間で30倍増加し，大きな疾病負荷となっている[15,16]．欧州，米国，中国など各地で国内伝搬やアウトブレイクが発生しており，日本でも代々木公園周辺で発生したアウトブレイクは記憶に新しい[3,17]．サハラ以南アフリカにおけるVBDsの疾病負荷は，気候変動によってマラリアからデング

BOX 1 図表 Box 1　代表的なベクター媒介性疾患（原表を参考に著者作成）

疾患	病原体の種類	病原体	主なベクター
デング熱	ウイルス	Flavivirus	ヤブカ *Aedes aegypt, Aedes albopictus*
ジカ熱	ウイルス	Flavivirus	ヤブカ *Aedes aegypt, Aedes albopictus*
チクングニヤ熱	ウイルス	Alphavirus	ヤブカ *Aedes aegypt, Aedes albopictus*
黄熱病	ウイルス	Flavivirus	ヤブカ *Aedes aegypt, Aedes albopictus*
日本脳炎	ウイルス	Flavivirus	イエカ Culex spp.
ウエストナイル熱	ウイルス	Flavivirus	イエカ Culex spp.
ダニ媒介性脳炎	ウイルス	Flavivirus	マダニ
ライム病	スピロヘータ	Borrelia spp.	マダニ
リケッチア症	リケッチア	Rickettsia spp., Orientia spp.	マダニ，ツツガムシ，シラミ，ノミ
マラリア	原虫	Plasmodium spp.	ハマダラカ Anopheles spp.
リーシュマニア	原虫	Leishmania spp.	サシチョウバエ
アフリカトリパノソーマ	原虫	*Trypanosoma brucei*	ツェツェバエ
シャーガス病	原虫	*Trypanosoma cruzi*	サシガメ
フィラリア	蠕虫	*Wuchereria bancrofti, Brugia malayi*	ハマダラカ，ヤブカ，イエカ
住血吸虫症	蠕虫	Schistosoma spp.	淡水貝

Nat Immunol. 2020; 21: 479-83.

熱やチクングニヤ熱などのアルボウイルス（節足動物媒介性ウイルス）感染症に移っていく可能性がある[18]．デング熱の拡大は，気候変動，都市化，グローバリゼーションなどの要因が相互に作用した結果と考えられている[5]．特に重要な因子はベクターである *Aedes aegypti* と *Aedes albopictus* が都市環境に適応して拡大したことである．都市部の人口集積，ヒートアイランド現象，豊富な繁殖地などがベクターにとって有利な生息環境を形成した可能性がある．さらに，旅行や貿易などの人の移動に伴って，ベクターは世界の都市に拡散した．今後のデング熱の疾病負荷と疫学を予測し，有効な介入策を確立することが急務となっている．

臨床医は地球規模の sustainability にどう貢献するのか

SDGs（sustainable development goals） は 2015 年の国連サミットで採択された，世界の人々が幸せに暮らし続けるための国際目標である．マラリアの蔓延防止は，SDGs の前身である MDGs（millennium development goals）の目標の一つであった．引き続いて SDGs では，すべての人に健康と福祉を実現することを目標の一つとし，マラリアや顧みられない熱帯病をターゲットにしている．マラリアを含む VBDs への罹患は，貧困，生産性，教育，母子保健などに負の影響を与える．これらの疾患の削減に取り組むことは健康と福祉の領域にとどまらず，人間の生活の持続可能性に広い範囲で貢献すると考えられる．

VBDs の疾病負荷は相対的に熱帯地域で大きい．日本国内で診療する臨床医がこれにどのように関与することができるだろうか．前述したように，気候変動と VBDs の関連性については明確になっていない部分が多い．しかしながら，気候変動に限らず，地球変動プロセスや社会経済的因子が複雑に影響を与え合いながら，一部の VBDs の疫学を変化させていく可能性は想定しておかなければならない．

具体的な対応策としては，国内外で発生する感染症のリアルタイムの流行情報を積極的に収集することが挙げられる．国立感染症研究所や The Program for Monitoring Emerging Diseases (ProMED)，WHO など信頼性の高い情報ソースにアクセスすることでこれらの情報を得ることができる．臨床医が，診療地域で流行していない感染症に邂逅する機会は今後増加していく可能性があり，そのような疾患の臨床像も知っておくことが望ましい．気候変動は，社会生活環境の変化や移民の増加などの問題を引き起こす可能性があり，二次的に感染症の拡大がもたらされることも考えられる．すなわち，国際社会情勢やグローバルな人の流れなどにも幅広く注意を向けておくことが重要である．最後に，一般住民に対する VBDs の情報提供や啓発活動も役割の一つとなる．

今後の課題

・情報プラットフォームの整備

医療者と一般市民が国内外の感染症発生状況を把握するための情報プラットフォームの整備が求められる．現在国立感染症研究所が感染症サーベイランスと情報提供の役割を担っているが，教育啓発的な側面も含めた情報共有という観点からさらなる充実が必要である．

・学際的研究の推進

地球変動，社会経済，感染症など異なる分野間の連携を推し進めることで大規模データの構築や変動プロセスのより良い理解につながる可能性がある．

・ワクチン開発

VBDs に限らず，感染症の最適な予防介入手段の一つであるワクチン開発を進めることは SDGs においても重要戦略の一つである．

References（参考文献）

1) Woodward A, Smith KR, Campbell-Lendrum D, et al. Climate change and health: on the latest IPCC report. Lancet. 2014; 383: 1185-9.
2) Rocklov J, Dubrow R. Climate change: an enduring challenge for vector-borne disease prevention and control. Nat Immunol. 2020; 21: 479-83.
3) Caminade C, McIntyre KM, Jones AE. Impact of recent and future climate change on vector-borne diseases. Ann N Y Acad Sci. 2019; 1436: 157-73.
4) Watts N, Amann M, Ayeb-Karlsson S, et al. The Lancet Countdown on health and climate change: from 25 years of inaction to a global transformation for public health. Lancet. 2018; 391: 581-630.
5) Franklinos LHV, Jones KE, Redding DW, et al. The effect of global change on mosquito-borne disease. Lancet Infect Dis. 2019; 19: e302-e12.
6) Paaijmans KP, Heinig RL, Seliga RA, et al. Temperature variation makes ectotherms more sensitive to climate change. Glob Chang Biol. 2013; 19: 2373-80.
7) Ewing DA, Cobbold CA, Purse BV, et al. Modelling the effect of temperature on the seasonal population dynamics of temperate mosquitoes. J Theor Biol. 2016; 400: 65-79.
8) Baylis M. Potential impact of climate change on emerging vector-borne and other infections in the UK. Environ Health. 2017; 16: 112.
9) Peterson AT. Biogeography of diseases: a framework for analysis. Naturwissenschaften. 2008; 95: 483-91.
10) World Health Organization. World malaria report 2021. Geneva: World Health Organization; 2021.
11) Omumbo JA, Lyon B, Waweru SM, et al. Raised temperatures over the Kericho tea estates: revisiting the climate in the East African highlands malaria debate. Malar J. 2011; 10: 12.
12) Danis K, Baka A, Lenglet A, et al. Autochthonous Plasmodium vivax malaria in Greece, 2011. Euro Surveill. 2011; 16.
13) Sudre B, Rossi M, Van Bortel W, et al. Mapping environmental suitability for malaria transmission, Greece. Emerg Infect Dis. 2013; 19: 784-6.
14) Benelli G, Pombi M, Otranto D. Malaria in Italy - Migrants Are Not the Cause. Trends Parasitol. 2018; 34: 351-4.
15) World Health Organization. Dengue: Guidelines for Diagnosis, Treatment, Prevention and Control. Geneva: World Health Organization; 2009.
16) Stanaway JD, Shepard DS, Undurraga EA, et al. The global burden of dengue: an analysis from the Global Burden of Disease Study 2013. Lancet Infect Dis. 2016; 16: 712-23.
17) Kutsuna S, Kato Y, Moi ML, et al. Autochthonous dengue fever, Tokyo, Japan, 2014. Emerg Infect Dis. 2015; 21: 517-20.
18) Mordecai EA, Ryan SJ, Caldwell JM, et al. Climate change could shift disease burden from malaria to arboviruses in Africa. Lancet Planet Health. 2020; 4: e416-e23.

地球温暖化と熱中症：医師に求められる役割
Global warming and heat stroke：The role required for physicians

山下 駿
Shun Yamashita, MD, PhD

佐賀大学医学部附属病院　総合診療部
〒849-8501　佐賀県佐賀市鍋島５丁目１番１号
Ｅメール：sy.hospitalist.japan@gmail.com

提言

・高齢者は熱中症のリスクが高く，中でも，独居，80歳以上，要介護度4以上は特にリスクが高い．
・医師は，熱中症の危険性が特に高い高齢者やその家族，および地域包括ケアシステムに関わる人々を中心に，熱中症の危険が身近に迫っていることを啓発する必要がある．
・高齢者は暑さを適切に感じられないため，体感温度をリスクの指標にしてはならない．
・室温を26℃未満に保つことで，屋内での熱中症を回避できる可能性がある．
・今後の熱中症診療では，患者の治療だけでなく，熱中症患者の発生予防も重要である．

要旨

1850年頃から2020年にかけて，世界の平均気温は約1.1度上昇した．その影響を受け，本邦では熱中症患者が年間29～39万人発生し，救急搬送数も年々増加している．今後，地球温暖化は更に進行し，世界の平均気温は2040年までに1.5度，2100年までに3.3～5.7度上昇するとされ，熱中症患者が急増する可能性がある．さらに，今後ますます進行する高齢化率の上昇や要介護者の増加が熱中症患者の増加に拍車をかけ，夏場の医療を逼迫させる可能性がある．このような事態を防ぐために，医師は，高齢者だけでなく，高齢者を支える家族や地域包括ケアシステムに関わるあらゆる人に対し，熱中症の危険が身近に既に迫っていることと，個人レベルで可能な対処法を啓発していく必要がある．また，患者の治療だけでなく，熱中症患者の発生そのものを未然に防ぎ，社会を気候変動に適応できるように導かなければならない．

Highlight

From around 1850 to 2020, the average global temperature increased by about 1.1 degrees Celsius. As the result, 290,000 to 390,000 patients in Japan suffer from heat stroke annually with an increased number of patients transferred by ambulance every year. With the further progression of global warming in the future, the average global temperature may rise by 1.5 degrees Celsius by 2040 and by 3.3 to 5.7 degrees Celsius by 2100, leading to a rapid increase in the number of heat stroke patients. In addition, the further increase of population aging rate and the number of the elderly requiring nursing care may exacerbate the increase of heat stroke patients and cause a burden on the medical care system in the summer months. In order to prevent such a situation, physicians need to educate their families and all those involved in the community comprehensive care system as well as the elderly that the danger of heat stroke is already close to them and how individuals can deal with the danger. In addition, physicians should make efforts in the prevention of incidences of heat stroke on top of its actual treatment. This will lead society capable of adapting to climate change.

Keywords：熱中症 (heat stroke)，地球温暖化 (global warming)，気候変動 (climate change)，高齢者 (the elderly)，地域包括ケアシステム (the community comprehensive care system)

背景

第一次産業革命が終わりを告げた1850年頃から2020年にかけて，世界の平均気温は約1.1度上昇した[1]．本邦もその影響を受け，熱中症患者が年間29～39万人発生し，救急搬送者数も年々増加の一途をたどっている[2]．このため，環境省や各自治体，企業，学校，病院などで，対策が検討されるようになった．

これまでの熱中症診療は，熱中症症状で病院を受診または救急搬送された患者への治療が主体であったが，今後はそれだけでは成り立たなくなる可能性がある．2022年現在，平均気温の上昇および地球温暖化に対応するため，世界各国が脱炭素社会を目指している．しかしながら，2050年までに完全な脱炭素が達成できたとしても，世界の気温は2040年までに1.5度，2100年までに3.3～5.7度上昇すると見積もられている[1]．このため，今後80年間で，熱中症リスクは加速度的に上昇し，熱中症患者数および死亡者数も急増する可能性がある．また，高齢患者では若年者と異なり，入院による認知機能や筋力の低下，自宅環境の整備，介護する家族の希望などから，入院してもすぐに退院できないことが多い．本邦の高齢化率はますます上昇し，2060年には約40%に到達するとされており，将来的に，夏期の病院は熱中症で搬送された高齢者であふれ，熱中症が病床の逼迫を起こす要因になるかもしれない[3]．また，本邦の生産年齢人口も減少するため，医療提供体制が脆弱化するだけでなく，高齢者の生活の見守りや看護および介護をする人員が減少し，高齢者の熱中症の危険を未然に察知できなくなる可能性がある[3]．すなわち，医師は，これまでのような熱中症患者の治療だけでなく，熱中症の発生そのものを未然に防ぎ，社会を気候変動に適応できるように導かなければならない．そのためには，多職種との連携に長け，外来診療，入院診療，在宅医療など幅広い分野で活躍し，地域全体を診ることのできる総合診療医の役割が極めて重要である．

臨床医は地球規模のSustainabilityにどう貢献するのか？

今後の熱中症診療をsustainableなものにするには，①熱中症の危険が身近に迫っていること，②高齢者で特にリスクが高いこと，③個人レベルで取れる対応策を啓発し，④優先して介入すべき高齢者の特徴を明らかにし，生産年齢人口の減少による高齢者を支える人的資源の不足に対応する必要があり，このすべてに医師の関与が不可欠である．

近年，熱中症で救急搬送された患者の半数以上が65歳以上の高齢者であり，発生場所は屋内が40%以上と最も多い[4]．死亡者に関しても，80%以上が高齢者である[5]．SDGs*1の影響もあり，国家および企業レベルでは既に熱中症対策が講じられてきているが，個人レベル，特に高齢者の熱中症の危険性に対する認識は低いままである[6]．このような熱中症の疫学に加え，今後の世界的な平均気温の上昇を啓発することで[1)]，熱中症の危険を身近に感じられるようになる可能性がある．さらに，高齢者だけでなく，その家族や，地域包括ケアシステム[*2]に関わる訪問看護師，ケアマネージャー，ソーシャルワーカー，介護士，施設職員などに広く啓発することにより発生者数や死亡者数の減少につながる可能性があり，そのためには臨床医の関与が不可欠である．

高齢者は屋内でも熱中症になりうるという認識が低いだけでなく，皮膚の温度センサーの鈍化により暑さを適切に感じられないため，エアコンの使用率が低く，エアコン使用時の室温も高くなり，屋内での熱中症のリスクが高くなるとされている[6, 7)]．2018 年の 7 月から 8 月にかけてわれわれが行った前向き観察研究でも，高齢者の自宅は 1 日のうちの 8 時間以上で熱中症のリスクにさらされており，室温を下げる手段としてエアコンを選択する高齢者の割合も 24.9% と極めて低かった[8)]．さらに，2019 年 7 月から 9 月に行った予備研究では，65 歳以上の対象者の自宅にセンサーを設置し，5 分おきに室温・湿度・不快指数[*3]を測定したところ，不快指数が 75 ～ 79 および 80 以上の状態で，体感として非常に暑いまたは暑いと回答したのは，それぞれ 14.9% と 23.8% であった（Box 1）．不快指数は温度と湿度から算出され，75 ～ 79 では約半数で暑さを不快に感じ，80 以上では全例が不快に感じるとされる[9)]．これらの結果は，高齢者がいかに暑さを適切に感じられず，自宅で熱中症を発症する危険性が高いかを示唆しており，熱中症の危険をより身近に感じられる一助になるかもしれない．しかし，実際の発生者数や死亡者数を減少させるためには，危険性の認識だけでなく，個人レベルでできる対応策を示す必要がある．2019 年に行った前述の先行研究では，屋内での熱中症を予防するための理想的な室温は 26℃ 未満であることが示された[10)]．この結果は，屋内での熱中症発生の一つの予防策になりうる．

前述のように，今後の熱中症診療にあたっては，患者の治療だけでなく，発生そのものを未然に防ぐ必要がある．本邦では今後数十年間，高齢者の数が一定の数で推移するのに対し，生産年齢人口は減少し続けるとされている[4)]．これにより，熱中症の危険性が高い高齢者の見守りや支援を行う人員も減少し，全ての高齢者の熱中症の徴

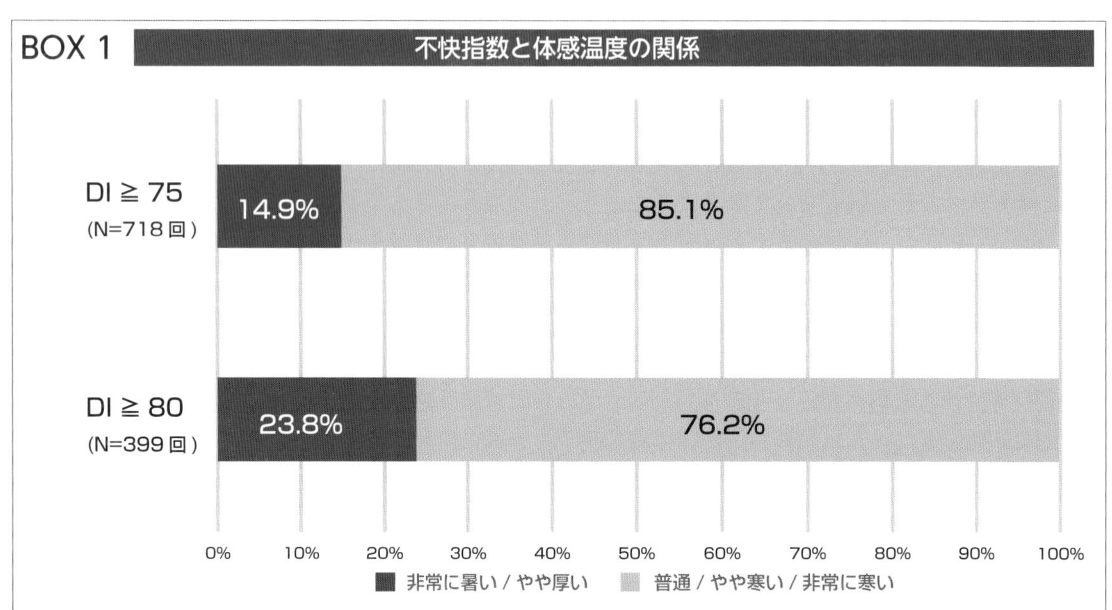

不快指数 75 ～ 79 は 718 回，80 以上は 399 回であった．このうち，非常に暑いまたは暑いと答えたのは，それぞれ 107 回（14.9%），95 回（23.8%）であった．

候に対応し，熱中症を未然に防ぐことが困難になる可能性がある．世界的な気温上昇による熱中症患者の急増も加わり[1]，すべての高齢者に同等に熱中症予防のために介入することが困難になると考えられる．このため，リスクの高い高齢者の特徴を明らかにし，そのような高齢者に優先的に介入する必要が出てくる可能性がある．われわれは，2019年に行った先行研究により，独居（オッズ比（OR）6.7, 95%CI：1.4-33.4），80歳以上（OR 5.9, 95%CI；1.1-33.1），要介護度4以上（OR 12.6, 95%CI：1.7-95.8）が高齢者の屋内での熱中症の危険因子であることを明らかにした（**Box 2**）．これにより，優先して介入すべき高齢者の見極めが可能になるかもしれない．それでも，生産年齢人口が低く，高齢化率の高い地域では，見守りが不十分になり，若い世代の家族が遠方で暮らしていることも多いことから，高齢者の熱中症の危険を察知することが難しくなる可能性がある．このような地域では，Internet of things (IoT)[*4]を活用することで，高齢者の自宅の熱中症リスクのモニタリングと，発生前の予防的介入が可能になるかもしれない．しかし，病院や自治体が自宅の状況をモニタリングするのは個人情報の観点などから現実的ではなく，家族による管理が必要であり，そのためには，センサーの普及とデータをモニタリングできるアプリケーションの開発が必要である．

このように熱中症は，個人レベルだけでなく，家族や地域包括ケアシステムに関わるすべての人が協力して対応すべき重大な問題である．医師の関与は必要不可欠であり，中でも地域全体を診ることのできる総合診療医の役割は極めて重要になると考えられる．

今後の課題

- 熱中症の危険は身近に迫っており，特に高齢者の自宅は危険性が高いことを，高齢者やその家族，および地域包括ケアシステムに関わる人々を中心に啓発する必要がある．
- 室温を26度未満に保つなど，屋内での熱中症を予防する具体的な方法を提言する．
- 医師は熱中症患者の治療だけでなく，熱中症患者の発生を予防し，社会を気候変動に適応できるように導かなければならない

BOX 2 熱中症のリスクが高い高齢者の特徴

	OR	95%CI	P値
80歳以上	5.9	1.1-33.1	0.044
独居	6.7	1.4-33.4	0.02
要介護度4以上	12.6	1.7-95.8	0.015

熱中症リスクの指標としてWBGT（wet bulb globe temperature）を使用した．観測期間の50%以上でWBGTが28℃を超えた対象者をハイリスク群と定義した．単変量解析で$p<0.1$かつ相関の低い調査項目に関してロジスティック回帰解析を行った．

Glossary

*1 SDGs（Sustainable Development Goals）：持続的でより良い世界を目指すために2030年までに達成すべき17の国際目標．2015年9月の国連サミットで国連加盟国193か国の全会一致で決定した．気候変動への対策も目標の一つに含まれている．

*2 地域包括ケアシステム：高齢者が住み慣れた地域で自分らしい暮らしを持続できるための仕組み．

*3 不快指数：体感温度を数値化したもの．温度と湿度のみで算出される．

*4 IoT（Internet of things）：あらゆるモノをインターネットに接続する技術．

Reference(引用文献)

1) Arias PA, Bellouin N, Coppola E, et al. Technical Summary. In Climate Change 2021: The Physical Science Basis. Contribution of Working Group I to the Sixth Assessment Report of the Intergovernmental Panel on Climate Change. In: Masson-Delmotte V, Zhai P, Pirani A, Connors SL, Péan C, Berger S, Caud N, Chen Y, Goldfarb L, Gomis MI, Huang M, Leitzell K, Lonnoy E, Matthews JBR, Maycock TK, Waterfield T, Yelekçi O, Yu R, Zhou B, editors. Cambridge University Press 2021. In press.

2) 環境省．熱中症環境保健マニュアル2018. https://www.wbgt.env.go.jp/pdf/manual/heatillness_manual_1-3.pdf（参照2022-1-25）.

3) 内閣府．令和3年版高齢社会白書2021. https://www8.cao.go.jp/kourei/whitepaper/w-2021/html/gaiyou/s1_1.html (参照2022-1-25).

4) 総務省消防庁．"熱中症情報 - 令和3年 救急搬送状況" 2021. https://www.fdma.go.jp/disaster/heatstroke/post3.html（参照2022-1-25）

5) 厚生労働省．"熱中症による死亡数 - 人口動態統計（確定数）より -" 2021-9-22. https://www.mhlw.go.jp/toukei/saikin/hw/jinkou/tokusyu/necchusho20/index.html (参照2022-1-25)

6) 柴田祥江，飛田国人，松原斎樹．住宅内の熱中症に対する高齢者の認知度と暑熱対策の実態．日本生気象学会雑誌 2010: 47 (2): 119-29.

7) 井上芳光，東海美咲，宮川しおり，他．夏季日常生活下における高齢者の温熱環境．日本生理人類学会雑誌 2016: 21 (1): 11-16.

8) 山下 駿，織田良正，神代 修，他．Internet of Things (IoT)を用いた室温介入調査：高齢者自宅は熱中症の危険性が高い．日本遠隔医療学会雑誌 2020: 16 (1): 1-6.

9) Thom EC. The discomfort index. Weatherwise 1959, 12: 57–61.

10) 山下 駿，多胡雅毅，織田良正，他．高齢者の熱中症が室内で発症し得る室温のIoTを用いた観察研究．日本生気象学会雑誌 2020: 57 (2): 95-99.

慢性腎臓病における環境問題
Environmental aspects of chronic kidney disease

永井 恵
Kei Nagai, MD,PhD

筑波大学附属病院日立社会連携教育研究センター
〒317-0077 茨城県日立市城南町二丁目1番1号
Eメール：knagai@md.tsukuba.ac.jp

提言

- 進行した慢性腎臓病に対して，透析医療を必要とする場合があるが，透析治療は水資源，電力，プラスチック製品などの消費による大きな環境負荷がかかることも認識されるべきである．
- 透析医療が与える環境負荷により，新たな健康被害を生じる可能性もあり，環境負荷の少ない透析方法を確立し普及することは望ましい．
- 透析医療の持続可能性を高めるには，早期CKDや終末期を診療できるジェネラリストと進行期のCKD管理，透析導入や保存治療の方針決定をする腎臓専門医との協調が重要である．

要旨

慢性腎臓病の患者数は世界的にも日本国内でも増加傾向にある．また，透析医療は末期腎不全患者の延命に必要である．地球温暖化は，慢性腎臓病の原因あるいは増悪因子の一つと考えられているが，日本ではそのエビデンスはなく，温室効果ガス排出に代表される環境負荷が医学や医療にどのような関わりがあるかを理解することは難しいであろう．透析医療は，環境負荷を与える大きな人間の経済活動であり，それ自体が慢性腎臓病の発症と進展に関わる可能性がある．腎臓専門医とジェネラリストが慢性腎臓病の診療においてどう連携すべきか，血液透析治療はいかに環境負荷を与えるかを概説し，「腎臓に配慮した透析医療（Green Nephrology）」の方策を提示する．

Highlight

Patients with chronic kidney disease has been a rising trend globally and domestically. Dialysis care is indeed necessary to prolong the lives of patients with end-stage renal disease. Global warming seems to be either one of the causes or an exacerbation factor of chronic kidney disease, however there is few evidence in Japan. Moreover, it may be difficult to understand the relationship between the burden on the environment represented by the emission of greenhouse gases and medicine and medical care. Dialysis care is a great human economic activity to bring environmental load so that it may be concerned by itself with the outbreak and the development of chronic kidney disease. The author insists in this article that nephrologists and generalists should cooperate with each other for the medical care of chronic kidney disease. While explaining generally how hemodialysis could be a burden on the environment, the author recommends a measure for “Green nephrology”.

Keywords：慢性腎臓病（chronic kidney disease），血液透析（hemodialysis），環境に配慮した透析医療（green nephrology）

背景

慢性腎臓病（chronic kidney disease: CKD）＊1は世界でも増加傾向にあり，近年の日本の高齢化に伴い患者数は増加している[1]．CKDの進行は尿毒症を伴う末期腎不全に至り，救命や社会生活の維持には，透析医療を必要とする．日本において維持透析患者は，およそ350人に1人であり，決してまれな治療とはいえない．一人年間329万円の医療費[2]，国全体で年間1.5兆円を超える社会保障費を必要とする，あらゆる医療の中でも特に大きな経済活動といえる．

地球温暖化は，近年の台風などの異常気象を伴い，日本においても現実的な問題と捉えられつつある．腎臓は体液量や電解質の調節能があり，高温環境から生体を守るための重要な臓器である．しかし，環境変化が極端である場合には腎臓の生理機能は損なわれる．熱ストレスによる腎機能障害，水不足により脱水症のリスクが上昇するために生じる腎結石症などが，代表的な例である[3]．

海外の厳しい干ばつや熱波によるCKDは，以前より注目を集めてきているが，日本における地球温暖化による腎臓病に関するエビデンスはいまだに乏しい[4]．しかし，地球規模の気候変動において，日本だけ例外的にそのCKD発症と進展を免れると考えることはできず，今後，日本の維持透析患者数の増加要因として温暖化が影響する可能性はある．

2021年8月，Intergovernmental Panel on Climate Change (IPCC) の調査結果により近年の気候変動は人類の経済活動に伴う気温上昇によるものと断定された[5]．その活動の一つとして，透析医療も環境負荷になる．海外の試算では，一人当たり年間10.2tCO_2-eqの温室効果ガス排出，水消費80tといった甚大な環境負荷が算定されている[6]．維持血液透析＊2治療は週3回程度の通院を必要とし，大量の水や薬剤，特殊な医療機器や電力を投じ，ほぼすべてのプラスチック製品などは再利用されないため廃棄量も著しい．このように

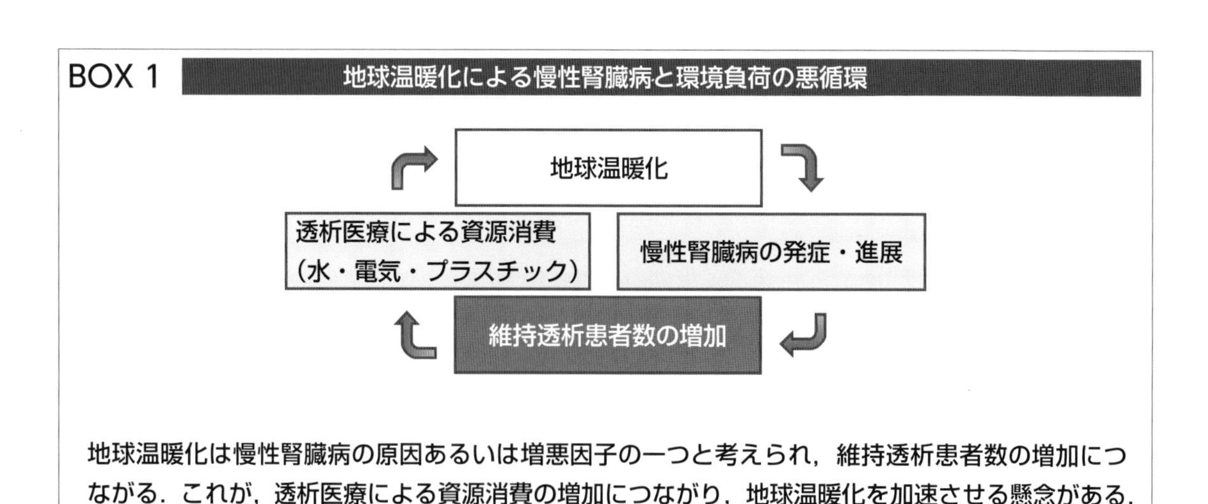

地球温暖化は慢性腎臓病の原因あるいは増悪因子の一つと考えられ，維持透析患者数の増加につながる．これが，透析医療による資源消費の増加につながり，地球温暖化を加速させる懸念がある．（引用文献7より作成・改変）

有限な資源を用いて今日の慢性腎不全治療を行っているものの，今後もその患者を同様に治療していけるかには疑問が残る．

ここで，地球温暖化，CKDの発症と進展，維持透析患者の増加，そして資源消費による温暖化の進行という，悪循環を食い止める方策を考える必要がある（Box 1）．腎臓専門医はCKDの発症から透析導入，終末期医療までを担う役割がある．しかし，今後の高齢化で増加することが確実なCKD患者を全例，すべてのステージにわたり診療することは不可能である．また，末期腎不全患者が，適切な社会生活を送るために透析医療は必要なものであることに異論はない．したがって，腎臓専門医には，軽症CKD患者を診療するジェネラリスト，維持透析を行う透析医（内科，外科など腎臓専門以外の医師も多く存在する）と協調的にCKD診療に進めることが望ましい（Box 2）．

臨床医は地球規模のSustainabilityにどう貢献するのか？

透析医療を持続可能なものにすることは，未来の慢性腎不全の患者が適切に透析治療を受けられるのに必要である．Box 1に示された悪循環におけるそれぞれのステップに臨床医の貢献する余地がある．

まずは，CKDの発症および進展を防ぐことが挙げられる．日本には幅広い年齢層に健康診断が実施され，そのうち尿検査は安価で普及している．尿検査の異常は，無症状で進行する慢性糸球体腎炎において，唯一の早期発見法である．ネフローゼ症候群や急速進行性糸球体腎炎などもしばしば検尿異常を契機に診断される．これらのCKDの原疾患となる早期の腎疾患を専門医が診断し，治療あるいは経過観察の方針を示すことは重要である．しかし，すべてのCKD患者に専門医による

BOX 2　CKD診療における腎臓専門医とジェネラリスト・透析医・家庭医・ホスピタリストの関わり

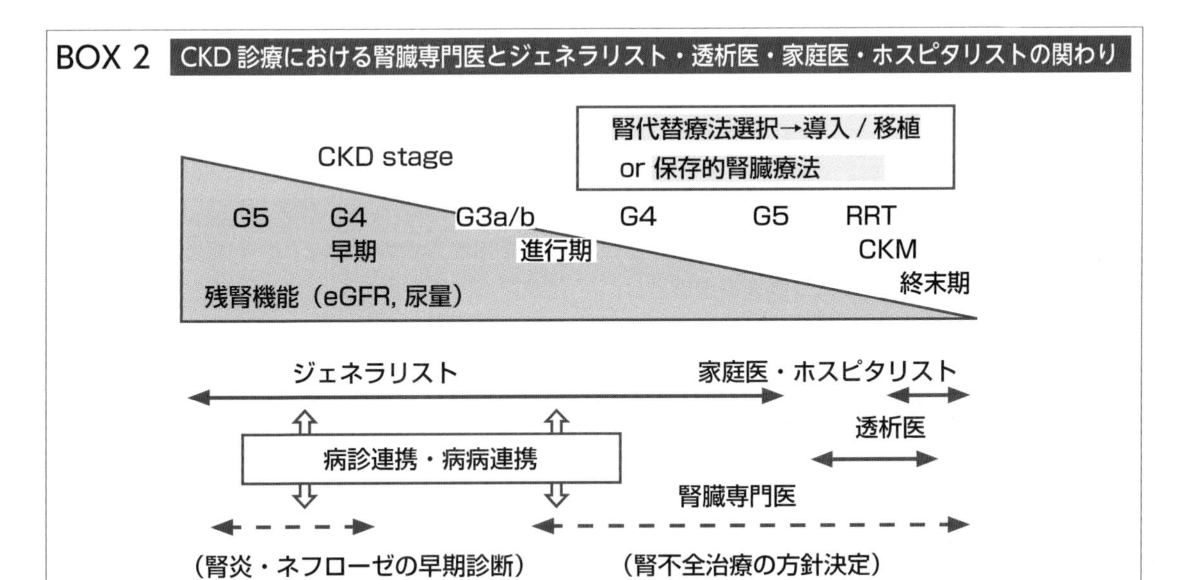

腎臓専門医は，慢性腎臓病（CKD）の発症から進展，腎代替療法（RRT）や保存的腎臓治療（CKM），終末期医療を担う．他方，すべての慢性腎臓病を，すべてのステージで診療していくことは現実的ではない．ジェネラリストと協調した腎炎・ネフローゼ症候群の早期診断，生活習慣病の管理による慢性腎臓病の進行抑制，腎代替療法の選択や導入ののち，透析医による維持透析療法，家庭医やホスピタリストによる保存的腎臓治療と終末期管理に引き継がれることが理想的なCKD診療である．
略語：推定糸球体濾過量（eGFR）

長期管理が必要となるわけでなく，ジェネラリストあるいは健康診断でのフォローアップが適切な場合も多い．早期のCKDについては「CKD診療ガイド」が日本腎臓学会より2012年より発刊されて以来，改定がなされており，どのようなフォローが適切かわかりやすく示されている．

次に，維持透析治療を必要とする慢性腎不全の数を減らすことである．CKDの原因が治療介入可能な腎疾患である場合，腎障害の進行を遅らせることで維持透析患者が減る．例えば，腎炎やネフローゼ症候群に対する免疫抑制やアフェレーシス治療，多発性のう胞腎に対するトルバプタン治療などが挙げられる．これに対して，生活習慣病などを背景としたCKDについて特異的治療はなく，腎機能喪失は加齢現象の一つであるため，高齢化に伴いCKDの有病率は必然的に増加する[1]．

したがって，そのCKD患者の中には緩和治療が人道的に適切な症例，透析導入により社会的生活が必ずしも送れない高度認知症や低心機能による透析困難例が存在しうる．透析導入か非導入の選択は，ガイドラインが存在しないこと（日本透析医学会から2020年に刊行された「透析の開始と継続に関する意思決定プロセスについての提言」は，終末期医療において法的に未整備な日本の状況により，法的な免責の根拠にはならない）などから，腎臓専門医とジェネラリストが協力して末期腎不全患者に対応する必要がある．

以上の二つの方策は，すぐに効果があらわれるものではない．それに対して，比較的今すぐに効果が現れることは，環境負荷のかからない慢性腎不全への治療選択をすることである．慢性腎不全患者に対する治療は透析療法とそれ以外の薬物療法の両者が必要である．慢性腎不全には，高血圧や電解質異常，貧血症など多くの症候が出現するため，透析による除水や溶質除去以外に多くの薬剤を必要とする．具体的には，複数の降圧薬や利尿薬，カリウムやリンの過剰，カルシウムの不足を補正するための吸着薬やビタミン剤，エリスロポエチン製剤などである．そのため，透析患者における温室効果ガス排出の大部分は薬剤によるものである（**Box 3**）．したがって，慢性腎不全の進行や症状の抑制のための非薬物療法が確立し，普及することが望まれる．日本においては，95%以上の慢性腎不全患者が腎代替療法として維持血液透析を選択するため，本稿では血液透析を主に論じた．腹膜透析も維持透析の一つであり，また諸外国と比較して少数ながら腎移植を受ける慢性腎不全患者もいる．諸外国の検討によれば，腹膜透析および腎移植は，血液透析と比較すると現時点での解析によれば環境負荷が少ないとされている[3,6]．日本の地理的な条件や資源の事情から，いかなる腎代替療法が環境の観点から優れている

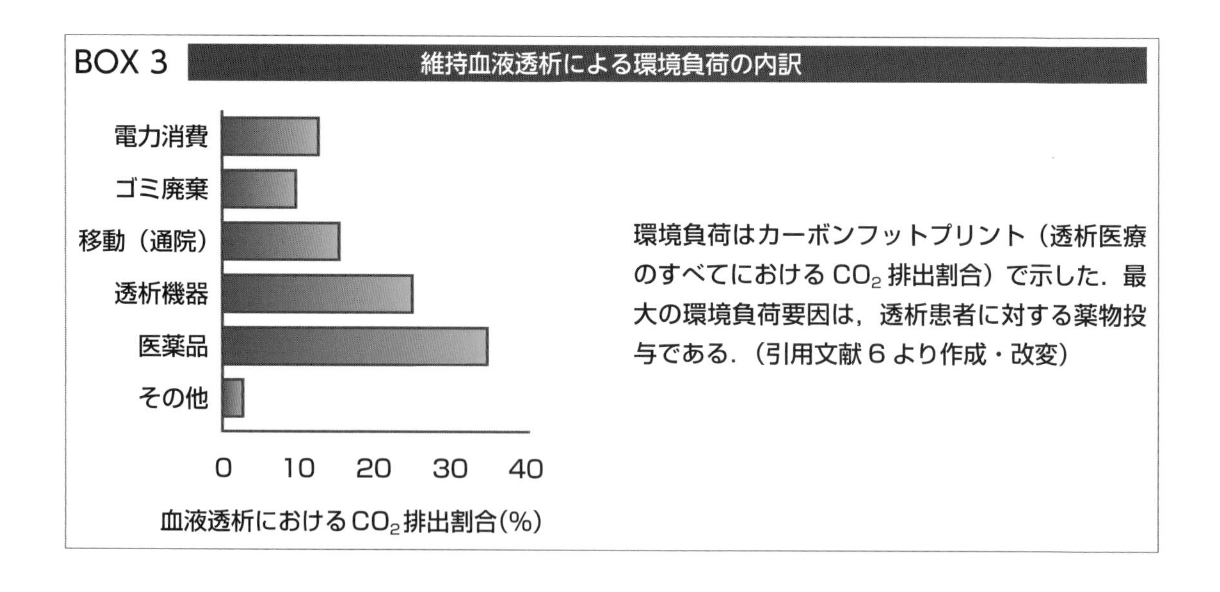

環境負荷はカーボンフットプリント（透析医療のすべてにおけるCO_2排出割合）で示した．最大の環境負荷要因は，透析患者に対する薬物投与である．（引用文献6より作成・改変）

かは，今後検討の余地がある[7].

2010年頃より，英国，豪州を中心として，血液透析療法における，環境負荷算定が始まり，水の再利用，太陽光の利用，適切な透析処方の推進などイノベーションをすすめる取り組み「Green Nephrology（環境に配慮した腎臓病学）」が推進されてきた[6]．残念ながら日本には，透析療法における環境負荷軽減の取り組みはまだ普及していないが，地震や台風などの大規模災害時にしばしば，水や電力の枯渇による透析治療ができないことを経験する．地球温暖化により，透析医療における資源枯渇が常態化する前に，医療者がなすべき方策が普及され，かつ実践されることが望ましい．

今後の課題

- 環境に配慮した透析医療の普及と技術開発—世界的なGreen Nephrology—は豪州および英国で始められた概念であり[6]，日本では普及していない．今後，国際的に協調した運動に発展していくことが，環境保護と地球温暖化抑制に有益だと考えられる．

- 病診連携，病病連携による専門医と非専門医の協調したCKD診療の有効性を示すエビデンス創出：日本には医療に特有のバックグラウンドデータはない．製薬会社や医療機器メーカーの協力が必要であり現時点での具体的な実現の見通しはない．

- 医療スタッフと患者への教育：医療スタッフは必ずしも環境保護に注目しない．したがって，今後の医療，とりわけ必要な透析医療を持続するためには，現時点での透析療法のあり方，やり方を再考する必要がある．

本文では，ジェネラリストと腎臓専門医との関わりのある領域での課題を提示した．透析医療の現場や腎臓専門医がなすべき研究の方策などに関してはBox 4に示した．

BOX 4　日本の持続可能な透析医療を目指すための方策

設備・システム投資の必要ない方策	設備・システムの投資による方策
● 透析施設において「Green Team」を形成する. ● 透析施設スタッフに節電や節水を実践する. ● 一般ゴミと医療ゴミを厳格に分別する. ● 透析施設の入職時や定期的な環境保護に関する教育を施す. ● 透析患者に環境保護的な生活習慣やゴミ分別などの教育を施す. ● リサイクル可能な資源を考え，その実践をする. ● 透析器機，薬剤の供給側に過剰包装や段ボールの使用を控えるように要請する. ● 能動的な移動手段（徒歩や自転車）の使用を透析施設スタッフおよび患者に推奨し，インセンティブを付与する（食事の提供など). ● 流行性ウイルス感染などへの対策を講じた上で，カーシェアや乗合自動車などによる移動環境コストの削減をする. ● 遠隔医療の活用をする. ● 患者自身やその家族ができる透析医療に関わる行為（体温測定，血圧測定，止血行為など）を増やすことによるスタッフ数や労働時間を削減する.	● 再生可能エネルギーの産生や活用をする. ● 環境負荷を与えにくい透析用の逆浸透膜浄水装置を開発し導入する. ● 透析施設の光熱費や水道料金を抑えるための一般的なインフラ整備（LED照明やトイレ，洗面台など）を行う. **研究活動** ● 透析液量を減量したことによる長期的な健康被害に関する解析（長期透析患者や高齢者への過剰透析がないかどうか）をする. ● 環境負荷を最小限化する透析器機および回路の開発研究をする. ● 日本の医療における血液透析，腹膜透析および腎移植の現況や資源獲得の環境負荷を加味したライフサイクルアセスメント研究をする. ● 環境負荷を軽減するため，非薬物療法による腎臓病治療の有効性の証明をする. ● 遠隔医療の活用による環境負荷削減のエビデンス創出をする. **社会・学会活動** ● 世界的なGreen Nephrologyのコミュニティを形成する. ● 日本におけるGreen Nephrologyの啓発をする.

表は，引用文献8，9を参考に著者が作成した．

Glossary

*1 慢性腎臓病（Chronic kidney disease; CKD）：3か月以上続く蛋白尿あるいは腎障害で診断される慢性経過の腎臓病を指す．末期腎不全のみならず，心血管疾患が併発するリスクが高く，およそ日本人の10人に1人が該当すると推定されている．

*2 維持血液透析：慢性腎不全の患者が尿毒症になるのを防止するため，血液を体外へ導出して除水と溶質除去を行う．基本的に週に3回の通院が必要となる．

Reference

（引用文献）

1) Nagai, K., Asahi, K., Iseki, K. et al. Estimating the prevalence of definitive chronic kidney disease in the Japanese general population. Clin Exp Nephrol. 2021; 25, 885–892 . https://doi.org/10.1007/s10157-021-02049-0
2) Nagai K, Iseki C, Iseki K, et al. Higher medical costs for CKD patients with a rapid decline in eGFR: A cohort study from the Japanese general population. PLoS One. 2019;14(5): e0216432.
3) Barraclough KA, Agar JWM. Green nephrology. Nat Rev Nephrol. 2020; 16(5): 257-268.
4) Nagai, K. Environment and chronic kidney disease in farmers. Ren Replace Ther. 2021; 7, 55.
5) The Intergovernmental Panel on Climate Change (IPCC). Climate Change 2021: The Physical Science Basis. Contribution of Working Group I to the Sixth Assessment Report of the Intergovernmental Panel on Climate Change. In: Masson-Delmotte V, Zhai P, Pirani A, Connors SL, Péan C, Berger S, Caud N, Chen Y, Goldfarb L, Gomis MI, Huang M, Leitzell K, Lonnoy E, Matthews JBR, Maycock TK, Waterfield T, Yelekçi O, Yu R, Zhou B, editors. Cambridge, Cambridge University Press, 2021. In press.
6) Lim AE, Perkins A, Agar JW. The carbon footprint of an Australian satellite haemodialysis unit. Aust Health Rev. 2013; 37(3): 369–74.

（参考文献）

7) Nagai K, Suzuki H, Ueda A, Agar JWM, Itsubo N. Assessment of environmental sustainability in renal healthcare. J Rural Med. 2021; 16(3):132-138. doi:10.2185/jrm.2020-049
8) Connor A, Mortimer F. The green nephrology survey of sustainability in renal units in England, Scotland and Wales. J Ren Care. 2010; 36(3): 153–60.
9) Barraclough KA, Gleeson A, Holt SG, Agar JW. Green dialysis survey: Establishing a baseline for environmental sustainability across dialysis facilities in Victoria, Australia. Nephrology. 2019; 24(1): 88–93.

切迫する地球規模の気候変動と Choosing Wisely キャンペーンの役割
Urgent Global Climate Change and the Role of Choosing Wisely Campaign

小泉 俊三
Shunzo Koizumi, MD, FACS

一般財団法人東光会 七条診療所 所長
〒600-8845　京都市下京区朱雀北ノ口町 29
E メール：koizums@gmail.com

提言

・地球規模の気候変動をはじめとして人類社会の持続可能性が問われている今日，先進諸国の医療職は慣習的に実施されている過剰医療にも着目して診療を行うべきである．
・過剰医療と対になっている過少医療と健康格差，健康の社会的決定要因にも着目して，日常診療の場で患者・家族との対話を促進し，可能な解決策を模索すべきである．
・診療現場における患者・家族との対話の中で，地球環境問題をはじめ人々の健康にとっての脅威となっている社会事象についての話題も積極的に取り上げるべきである．

要旨

近年，世界的な気候変動をはじめ人類の生存自体が問われる事態の中で，社会のリーダーに異議を申し立てる若者の声が大きなうねりとなっている．ここでは，Choosing Wisely キャンペーンの役割を3つのキーワードを軸として示すことで，キャンペーンの今後の展開について見通しを与えたい．第1のキーワードは「持続可能な開発目標（Sustainable Development Goals; SDGs）」である．ここでは産業発展に期待する20世紀型価値観の軌道修正が求められている．さらに，第2のキーワード，「健康の社会的決定要因（Social Determinants of Health; SDH）は，健康格差の問題を軸に現在の社会システムの偏りを鋭く問うている．第3のキーワード，「共同意思決定（Shared Decision Making; SDM）は，一部でマンネリ化しているインフォームドコンセントに代わり，医療の担い手と受け手の間の垣根を取り払う健康コミュニケーションの新しいあり方として，Choosing Wisely キャンペーンの基本姿勢そのものである．即ち，Choosing Wisely キャンペーンの基盤としての新しい「医のプロフェッショナリズム」は，これら3つのキーワードによって具体的に示すことができる（**Box 1**）．

Highlight

What should be the Choosing Wisely campaign be looking over to realize the sustainable development society.
Recently young people have made huge waves protesting societies' leaders in the middle of climate change and the era when even the existence of mankind is said to be in crisis. In this article, the

author wants to provide the perspective of the campaign through showing three keywords of the Choosing Wisely campaign. The first of the keywords is Sustainable Development Goals; SDGs which demands an orbit correction for value of 20 century expected industrial development. The second is Social Determinants of Health; SDH which sharply footlights the modern social system based on issues of health inequalities. The third is Shared Decision Making; SDM which is, instead of informed consent starting to become partly stereotyped, a new type of communication of health. This is, getting rid of the fence between the healthcare giver and the patient, a fundamental concept of the Choosing Wisely campaign. In the author's opinion, these three keywords can showcase the professionalism in medicine as the basis of the Choosing Wisely campaign.

Keywords：Choosing Wisely キャンペーン (campaign)，持続可能な開発目標（Sustainable Development Goals; SDGs），健康の社会的決定要因（Social Determinants of Health; SDH），共同意思決定（Shared Decision Making; SDM），医のプロフェッショナリズム (Medical Professionalism)

Choosing Wisely キャンペーンとは？

2012 年，北米で発足した Choosing Wisely キャンペーンは，ムダかもしれない医療についての啓発活動で，米国内科専門医機構財団の呼びかけで始まった．その要点は，日常の診療で頻回に実施される検査や数多くの処方，更には最新の医療テクノロジーを駆使した画像検査や処置・手術などを受けることになった場合,「一度，立ち止まって，本当に必要かどうか，あなたにとって最も“賢明”な選択肢は何か，考えてみよう.」と患者・家族に語り掛け，担当医と積極的に対話することを促すところにある．このキャンペーンが注目された理由は，症状や疾患ごとに，実際，何がムダな医療なのかを，キャンペーンの主旨に賛同した専門学会が，それぞれの専門領域ごとに，「5 つのリスト (Top Five List)」として具体的に示したことである．Choosing Wisely キャンペーンは，北米で大きな反響を呼んだだけでなく，先進国を中心に世界的に広がり，2016 年には，Choosing Wisely Japan が設立されるに至っている．

BOX 1　Choosing Wisely Campaign：3 つのキーワード

SDG,s (Sustainable Development Goal's)
持続可能な開発目標（17 領域）
地球環境問題（気候変動 / 環境汚染など）

SDH (Social Determinants of Health)
健康の社会的決定要因
格差社会➡健康格差（各国内 / 各国間）過剰医療と過少医療

SDM (Shared Decision Making)
意思決定の共有
（提供側 / 受け手）間の敷居↓

キャンペーンの原点：「新ミレニアムにおける医のプロフェッショナリズム：医師憲章」

このキャンペーンの特徴は，「Less is More」の標語に示されるように，“患者のために担当医は何を実施すべきか”，との従来の発想とは逆に，日常，実施されることの多い診療行為のうち，どのような診療行為が患者のアウトカム改善に役立っていないのか，に焦点を当て，そのような診療行為の実施を差し控えることを提唱している点である．その原点は，2002年に米欧で一斉に公表された『新ミレニアムにおける医のプロフェッショナリズム：医師憲章』にある．この「医師憲章」が提唱された背景には，当時，マネージドケアと称される市場原理に基づいた医療システムが性急に導入され，多くの医師が医療専門職としての自らの価値観が危機に瀕しているとの切迫感を抱いていた事情がある．また同時期，「To Err Is Human」（IOM報告書；1999）の公開をきっかけに明るみに出た医療事故の実態も医療界に大きな衝撃を与えていたことも特記しておく必要があろう．この「医師憲章」は，Box 2に示すように，3つの「基本原理」と10の「責務」で構成されている．

「医師憲章」の第7番目の責務：「有限な医療資源の適正配置についての責務」とは？

―地球規模の持続可能性（Sustainability）に貢献するChoosing Wiselyキャンペーン

ところで，ムダかもしれない医療の実施を差し控えよう，との問題提起は，この「医師憲章」の第7番目に示されている「有限な医療資源の適正配置についての責務」に由来する．ここで初めて，物的，人的の両方を含む医療資源が有限であるとの認識が明示され，医師には，病状・疾患に応じた「適正」な診療を行う責務があるとされたのである．これは，まさに，現在，国際連合が提唱している『持続可能な開発目標』（Sustainable Development Goals; SDGs）を医療現場に適用した提言である．

ここで，このことをもう少し詳しく説明すると，「医師憲章」制定当時，この7番目の責務は，腎不全に対する血液透析療法や移植医療など，医療を受けたい（提供したい）患者がいても，透析装置やドナーの数に制約があって全ての人がその医療を受けることができない場合，誰を優先するか，との倫理上の議論が発端であったと聞く（最近の新型コロナ禍でも人工呼吸器が不足し，“命の選択”を迫られる事態についての議論があったばか

BOX 2　新ミレニアムにおける医のプロフェッショナリズム：医師憲章

基本的原則　(3)

- 患者の福利（患者中心）
- 患者の自律（自己決定）
- 社会正義（公正性）

・ACP-日本支部 翻訳project訳
・出典：内科専門医会誌
・Vol. 18, No.1 2006 February

＊割当（配給）制から「無駄の回避へ」
“From an Ethics of Rationing to an Ethics of Waste Avoidance”
(N Engl J Med誌，366巻，1949頁，2012)

プロフェッショナルとしての一連の責務　(10)

- 専門家としての知識／臨床能力に関する責務
- 患者に対して正直である責務
- 患者情報を守秘する責務
- 患者との適切な関係を維持する責務
- 医療の質を向上させる責務
- 医療へのアクセスを向上させる責務
- 有限の医療資源の適正配置に関する責務　（無駄の回避＊）
- 科学的根拠に基づいた医療（EBM）を行う責務
- 利益相反（COI）に適切に対処する責務
- 職能団体の一員としての責務

りである）．ところが，その後，資源の有限性については，日々，多くの医療機関で実施されている日常的な診療行為の中にも，ムダと思われることが余りにも多く，この7番目の責務が，より広い文脈でとらえられるようになった経緯がある．近年，わが国でも産業としての医療がCO_2排出の約4.8%を占めているとの調査結果が示されているように医療システム自体が大きな環境負荷となっていることも危惧されるに至っている．

Choosing Wisely キャンペーンの今後の課題：

その1：COVID-19のパンデミックがもたらした「受診控え」：過剰医療の中の過少医療

2020年の初頭以来，全世界がCOVID-19のパンデミックに晒され，現在でも新型コロナウイルスとの闘いは続いているが，このパンデミックの初期，世界中の国々，特に先進(高所得)国で，医療機関への「受診控え」現象が起こった．

多くの国民がパニックに近い状況に陥ったが，医療機関側もこれまで体験したことのない対応を迫られ，全国の病院・クリニックで診療体制の大混乱が見られた．その後，この「受診控え」現象は，一見，落ち着きつつあるように見えるが，がん診療の領域を中心に，がんの発見と治療における遅れが生じたことが専門家の間から指摘されている．この「受診控え」は，端的には，国民一人ひとりが，「健康上のリスク」をわがことと捉え，すぐさま行動に移した結果であったが，日頃，過剰診療が目立つ医療現場で過少診療が生じた事実は，リスクコミュニケーションの観点から示唆に富むだけでなく，Choosing Wisely キャンペーンのあり方にも転機をもたらした．次項に示すように過剰医療と過少医療を対の課題として捉える必要が顕在化したのである．

その2：双子の問題：過剰医療と過少医療—格差社会と「健康の社会的決定要因」(Social Determinants of Health；SDH)

諸外国で，より顕著にみられたことであるが，エッセンシャルワーカーのCOVID-19罹患率と死亡率が有意に高かったことが格差社会における健康格差の問題を多くの人々が認識する機会となった．過去数十年の新自由主義的経済政策により自己責任がことさら強調され，結果として若年層の貧困が顕在したのも新型コロナ下のことである．医療界において，近年，「健康の社会的決定要因」(Social Determinants of Health; SDH)への関心がわが国でも高まっているのも故なしとしない．一見，過剰医療が目立つわが国の医療現場も，見えないところでの過少医療が存在することを忘れてはならない．その意味で，過剰医療と過少医療を対概念として捉える視点は重要である．

その3："More is Better" からの脱却が難しい医療界の現実

一方，わが国の専門医療の担い手のあいだには，それぞれが得意とする専門領域の技術をできるだけ多く"適用"することで人々の健康に寄与する，という思考が主流のように思われる．また，これまで，医師法にも規定のある「応召義務」が，医師の職業倫理を示した条文として多くの医師の意識に刷り込まれている．患者が希望する医療を提供しないことへの違和感が表明される一方，患者側からは，医師が勧める治療法を拒否することは難しい，との反応が返ってくる．近年，活発に議論されている医師の働き方改革が軌道に乗ればこの問題は改善されるかも知れないが，過剰医療への取り組みに対する最も大きな障壁である，診療報酬の出来高払い制とともに，医療職の意識変革が大きな課題である．

その4：医療職と患者・家族との新しい対話のかたち—「共同意思決定」(Shared Decision Making; SDM) (Box 3)

このように見ていくと，今後，「共同意思決定」を基盤とした医療職と患者・市民との対話の場では，一つ一つの診療行為についての個人レベルでのメリットやデメリットといった判断基準だけでなく，医療資源の有限性に配慮することをはじめ，今日，私たちが地球規模で直面している人類社会の持続可能性も視野に入れて一人ひとりがどのようにふるまうべきか，といった話題も含まれざるを得ない．個人の健康問題についての対話が，地球規模の健康問題(プラネタリー・ヘルス)にまで拡張してくると，“賢明な選択”にためには，一人ひとりの社会生活における立ち位置や価値観までもが問われることになる．このことは，Choosing Wisely キャンペーンにとっても大きな課題であるが，あるべき意思決定共有のためには，医療の担い手も受け手も同じ地球市民であるとの自覚が求められる．21 世紀も，その 4 分の 1 近くが既に経過したが，これからの医療プロフェッショナリズムは，持続可能な開発目標をはじめとするグローバルな視点抜きには考えられないと言えよう．

Reference

引用文献

1）Choosing Wisely® - Promoting conversations between patients and clinicians (https://www.choosingwisely.org/ 2022 年 4 月 24 日閲覧)
2）Choosing Wisely Japan (https://choosingwisely.jp/ 2022 年 4 月 24 日閲覧)
3）Medical Professionalism in the New Millennium : A Physician Charter (https://abimfoundation.org/what-we-do/physician-charter 2022 年 4 月 24 日閲覧))
4）米国医療の質委員会 / 医学研究所：(邦訳) 人は誰でも間違える―より安全な医療システムを目指して．日本評論社，2000

参考文献

5）Howard Brody：From an ethics of rationing to an ethics of waste avoidance N Engl J Med 2012 May 24;366(21):1949-51
6）小泉俊三：COVID-19 パンデミックは私たちの医療に何をもたらしたか？ －社会の持続可能性と健康格差の観点から ジェネラリスト教育コンソーシアム Vol. 16 再生地域医療 in Fukushima，カイ書林，pp100-111 2022
7）国際連合：持続可能な開発目標 (https://sdgs.un.org/goals 2022 年 4 月 24 日閲覧）
8）武田裕子 (編集)：格差社会の医療と社会的処方－病院の入り口に立てない人々を支える SDH(健康の社会的決定要因) の視点，日本看護協会出版会，2021
8）中山健夫：これから始める！シェアード・ディシジョンメイキング，新しい医療のコミュニケーション，日本医事新報社，2017
9）NICE：Shared decision making - NICE guideline [NG197] 2021 (https://www.nice.org.uk/guidance/ng197 2022 年 4 月 24 日閲覧）

BOX 3 健康格差／持続可能性と Choosing Wisely

社会 / 医療の現状 (格差社会と健康格差) Social Determinants of Health (SDH)	あるべき医療の姿 / 社会のあり方 Sustainable Development Goals(SDGs)
医療職と患者・市民との対話 (Choosing Wisely) 受けたい (提供したい) 医療についての共同意思決定 Shared Decision Making (SDM)	
診療の現場で社会 / 医療の持続可能性を話題とすることについて	
臓器専門医： 目の前の患者に自分の技術で全力投球	総合診療医： 地域コミュニティーを「診る」視点
患者： 自分にとって最善の医療を受けたい / 社会の一員としての自分の生き方 (立場)	

気候変動と健康格差
Climate Change and Health Inequity

西岡 大輔
Daisuke Nishioka MD, PhD

大阪医科薬科大学医学研究支援センター医療統計室
〒569-8686 大阪府高槻市大学町２－７
京都大学大学院医学研究科社会疫学分野
南丹市国民健康保険美山林健センター診療所
Ｅメール：daisuke.nishioka@ompu.ac.jp

提言

- 健康の社会的決定要因は人々の健康へと直接的および行動を介して間接的に影響を与える結果，社会的要因ごとの健康の格差を生じる．
- 気候変動も健康の社会的決定要因を介して健康格差をもたらしうる．
- COVID-19 や過去の自然災害から学び，気候変動の健康影響による健康格差のモニタリングが必要である．

要旨

人々の健康は，その人をとりまく社会的な要因の影響を受け，これらの要因は健康の社会的決定要因（Social Determinants of Health：SDH）として知られている．これらの社会的な要因による健康の格差への対応が国際的な公衆衛生課題のひとつとなっている．近年，地球環境システムの持続可能性に対して警鐘が鳴らされ，気候変動による人々の健康への影響が懸念されている．気候変動は多様なメカニズムにより健康に影響を及ぼすが，その影響の程度は個人をとりまく社会的な要因によって異なることが想定される．気候変動によって新興感染症や輸入感染症，自然災害や暑熱が日本国内で流行，発生した場合にどのような健康の格差が生じるかに関する疫学的知見には蓄積がある．COVID-19 や過去の自然災害から学び，健康の格差への迅速かつ効果的な対応を検討するための重層的なデータ整備とモニタリングが重要である．

Highlight

People's social backgrounds influence their health. These factors are well-known as Social Determinants of Health (SDH), and can induce health inequities across the determinants. Addressing the health inequities due to SDH has become one of the global public health challenges. Recently, the sustainability of the global environmental system has been discussed, which includes a concern about the impact of climate change on population health. Climate change can also affect population health heterogeneously through individual social factors. Previous epidemiological studies have provided evidence on public health strategies against unfavorable health consequences of events related to climate change (e.g. infectious diseases, natural disasters). Based on the experience of COVID-19 and past natural disasters, developing a database that can monitor the effect of climate change on population health and its inequities would be warranted.

Keywords：気候変動(climate change), 健康の社会的決定要因（social determinants of health；SDH), 健康格差（health inequity）

はじめに：健康格差とは

社会生活の中で，貧困や孤立といった困難に直面すると人々の健康は損なわれやすくなる．近年，こういった社会的な要因を「健康の社会的決定要因 (social determinants of health: SDH)」と呼び，国際的な公衆衛生課題として対応していく動きが活発になっている[1]．たとえば，貧困や孤立以外にも，職業や職種，職場環境，社会的な地位，教育歴，社会とのつながり，居住地域環境，ジェンダー規範，地域や国の経済状況や文化および制度といった影響などが多重レベルの要因として知られている[2]（**Box 1**）．

このような SDH は個々の健康に関わる行動を規定し，健康の格差を生み出す要因となる．たとえば，社会的に孤立している人では，孤立していない人と比べて死亡や要介護状態などのリスクが高まる[3]．喫煙という行動には本人の意思だけではなく，周囲に喫煙者がいるかどうかなどの幼少期からの生育環境や文化的な背景もある[4]．貧困や孤立の状態が引き起こす心理社会的なストレスそのものは，不合理な選択（健康維持に合理的でない選択など）を誘発する[5]．医療機関や健康診断・がん検診へのアクセスにも経済状況や教育歴などの社会的要因が影響する[6]．さらには，このような社会的な要因が個人の行動を規定して健康に影響を及ぼすだけでなく，心理社会的なストレスそのものが直接的に血圧や血糖を上昇させ，健康状態の悪化につながることも知られている[7]．

このような社会的な要因に格差や勾配があることによって，その要因ごとに人々の健康状態にも格差や勾配が生じる．これが健康格差である．

BOX 1 健康に影響を及ぼす多重レベルの要因（文献 2 より引用）

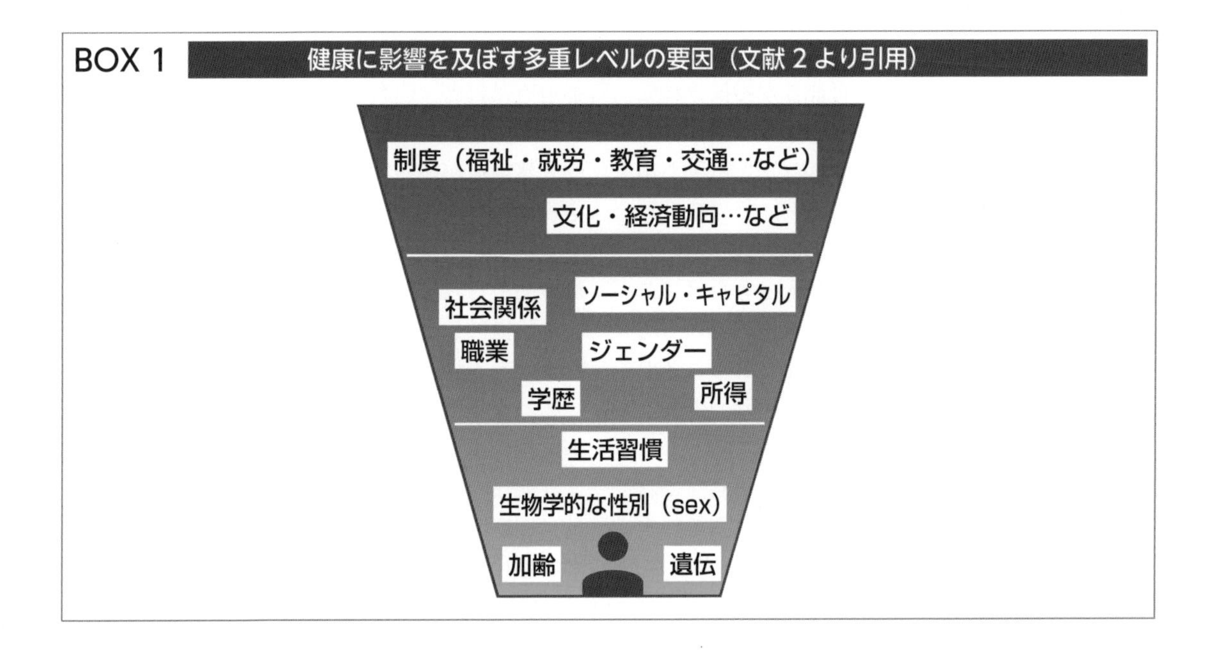

気候変動によってもたらされる健康格差

では，本誌の特集である気候変動は，健康格差とはどのように関係するのかを考えてみよう．気候変動が健康に影響を及ぼすメカニズムは，近年多数の文献で紹介されるようになっている．具体的な解説は別稿にゆずるが，たとえば米国のCenters for Disease Control and Prevention (CDC)は，気候変動の健康影響のメカニズムと実際に想定される疾病を紹介している[8]（**Box 2**）．　たとえば，大気汚染による喘息や心血管疾患の増加，アレルゲンの増加によるアレルギー関連疾病の増加，気温上昇などによる災害関連死，暑熱関連疾患・死亡の増加など，さまざまなメカニズムが紹介されている．

The Medical Society Consortium on Climate & Healthは，CDCで紹介されている前述の健康影響を参考に個々の健康の公正性に影響する可能性を指摘している．特に，健康状態や疾病のケアに格差が生じると考えられる疾病の頭文字をとってHEATWAVEと簡便に紹介するような資料を作成している[9]（**Box 3**）

では，このような健康影響は具体的にはどのような格差を生じさせるのだろうか．過去の疫学研究を参考に，将来気候変動によりもたらされうる健康の格差のパターンをいくつか考えてみよう．

まずは，気候変動の影響が国内でばらつくことによる地域格差である．たとえば，輸入感染症の流行が国内の一部地域でする可能性が指摘されている[10]．地球温暖化の進行に伴い，今世紀末には沖縄から九州南部を中心に，年間の最低気温は10度を上回ることが予測されている[10]．その結果国内で媒介蚊が繁殖できる環境が形成され，その分布密度が増加すれば，国内へと輸入されたデング熱，チクングニア熱，ジカ熱，マラリアといった感染症が常時みられる地域が生み出されることも想定される．気候変動は，暴風雨や洪水，熱波といった極端現象を引き起こす要因にもなる[10]．このように，災害の発生頻度が増加する場合，これらの極端現象の地域格差が生じる結果，ある特定の地域でより自然災害の影響を受けやすくなる．国内の居住地域により，公衆衛生対策が大きく変わってしまう可能性もある．

もうひとつは，個人が置かれている社会経済状況による健康の格差である．COVID-19を例にとって，仮にCOVID-19が気候変動を含む地球環境の変化からもたらされている新興感染症だとしてみよう．蔓延し続けるCOVID-19に関連して，疫学研究は人々の健康状態や予防行動の程度に個人および地域の社会経済的な状況による格差がみられることをデータで明らかにしてきた．たとえば，Yoshiokaらの研究では，国内のCOVID-19流行時に深刻な心理的苦痛がある者の割合が，等価世帯所得が250万円から430万円の中所得者層と比較して，低所得者層（250万円未満）で1.70倍（95%信頼区間 1.16-2.49），高所得者層（430万円以上）では，1.74倍（95%信頼区間 1.25-2.42）であることが報告されている[11]．またOkuboらは，個人の所得水準 が100万円未満の低所得者集団では，個人の所得水準が100万円以上600万円未満の場合と比較して，ワクチンの接種をためらう人の割合のオッズ比が1.78（95%信頼区間 1.49-2.14）と，低所得者で接種をためらう人が多いことを示した[12]．これは，青年期の者（15-39歳），壮年期の者（40-64歳），高齢者（65歳以上）で同様の傾向を示していた．さらに，Yoshikawaらは，2021年2月時点の各都道府県のCOVID-19の症例の発生率および死亡率と，各都道府県の失業率等の社会経済的要因の関連を検証したところ，失業率が高い都道府県ほど，COVID-19の症例の発生率と死亡率が高いことが観察された[13]．気候変動によって輸入感染症が国内で蔓延したり，さらに新たな感染症が興ったりすれば同様の健康に関わる行動の格差が生じる可能性があるだろう．その際に，医療機関や行政機関は，そのような格差が生じることを前提にした対策を講じること必須となる．

また，本稿では紙面の都合で割愛するが，自然災害による健康影響や災害関連死も個人の社会経済状況によって格差がある．気温上昇に伴う暑熱関連死亡の予防に重要な冷房などの家財も，経済的に困窮している人ほど所有していない相対的剥奪状態にある．

BOX 2 気候変動の健康影響とその媒介要因（文献8より引用）

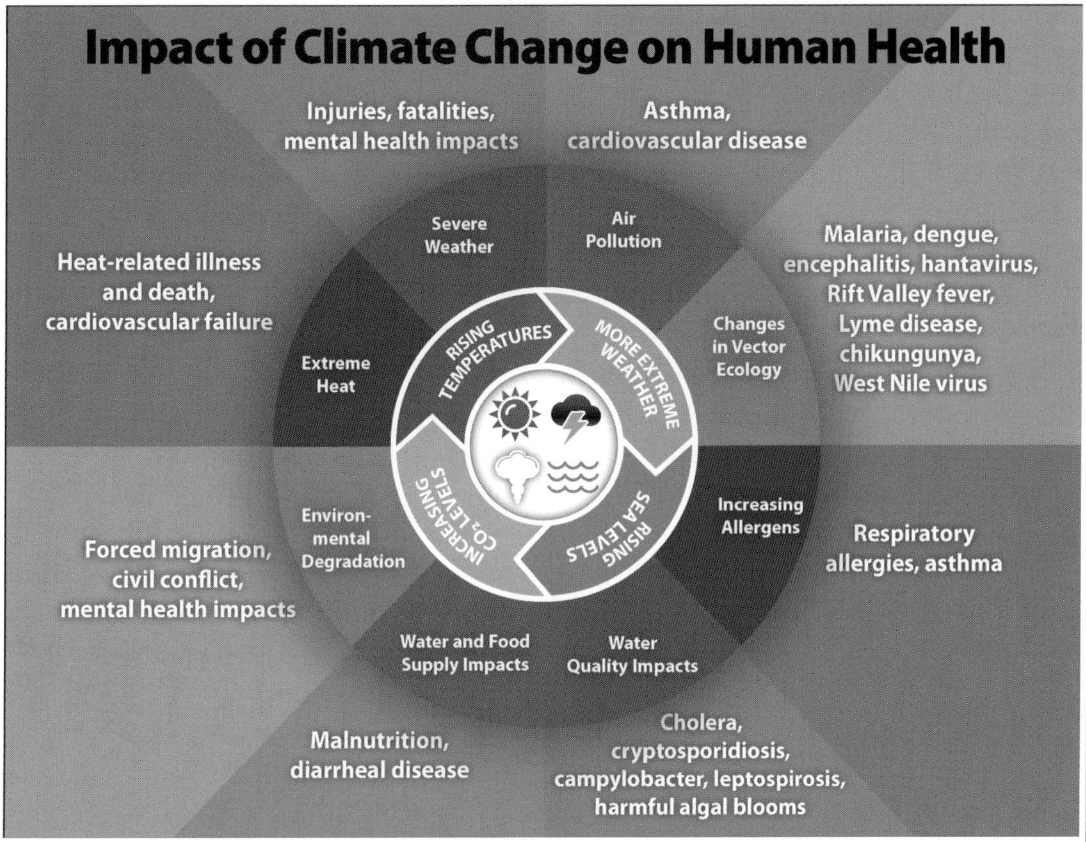

https://www.cdc.gov/climateandhealth/effects/default.htm

BOX 3 健康の格差をもたらす気候変動によって生じる疾病の一覧（HEATWAVE）（文献9より引用，著者翻訳）

H	Heat Illness
E	Exacerbation of heart and lung conditions
A	Asthma
T	Traumatic Injury
W	Water/Food-borne illness
A	Allergies
V	Vector/Insect-borne disease
E	Emotional Stress

今後の課題と展望

以上みてきたように，気候変動による健康に関する地域格差や社会格差は今後不均一に顕在化してくることが想定される．米国では，気候変動の影響の社会経済格差に対処するため，環境保護局に環境正義室が設置され気候変動と社会的弱者に関する報告書（Climate Change and Social Vulnerability in The United States）が出版されるなど，モニタリングやデータに基づく提言といった数々の取り組みを進めている[14]．国内でも適切かつ迅速な気候変動による健康格差対策を遂行するためには，住民の健康状態を継続的にモニタリングし，気候変動，災害，感染症などによって生じている影響をデータに基づき考察し，妥当な対策を地域ごとに検討していく必要があるだろう．そのようなデータ整備を診療所や病院の患者パネル（受診患者のもととなる地域集団），市町村，都道府県，国レベルで重層的に進めていくことが重要である．

Reference（引用文献）

1) Marmot M. Social determinants of health inequalities. Lancet. 2005; 365(9464), 1099-1104.
2) 日本プライマリ・ケア連合学会．健康格差に対する見解と行動指針 . 2018. http://www.primary-care.or.jp/sdh/fulltext-pdf/pdf/fulltext.pdf（2022年3月24日アクセス）
3) Holt-Lunstad, J, et al. Social relationships and mortality risk: a meta-analytic review. PLoS Medicine. 2013; 7(7), e1000316.
4) Mentis A-FA. Social determinants of tobacco use: Towards an equity lens approach. Tobacco Prevention & Cessation. 2017; 3: 7.
5) Mani A, et al. Poverty impedes cognitive function. Science. 2013; 341(6149), 976-980.
6) Levesque J-F, et al. Patient-centred access to health care: conceptualising access at the interface of health systems and populations. International Journal for Equity in Health. 2013; 12(1): 1-9.
7) Inoue K, et al. Urinary stress hormones, hypertension, and cardiovascular events: the multi-ethnic study of atherosclerosis. Hypertension. 2021; 78(5): 1640-7.
8) Centers for Disease Control and Prevention. Climate Effects on Health. 2021. https://www.cdc.gov/climateandhealth/effects/default.htm90-94（2022 年 3 月 24 日アクセス）
9) The Medical Society Consortium on Climate & Health. Climate and Health Equity. 2021. https://medsocietiesforclimatehealth.org/wp-content/uploads/2021/07/HEATWAVEPOSTER_ClimateHealthEquityJuly2021.pdf
10) 環境省．気候変動の観測・予測及び影響評価統合レポート 2018 ～日本の気候変動とその影響～ . 2018. http://www.env.go.jp/earth/tekiou/report2018_full.pdf
11) Yoshioka T, et al. Factors associated with serious psychological distress during the COVID-19 pandemic in Japan: a nationwide cross-sectional internet-based study. BMJ Open. 2021; 11: e051115.
12) Okubo R, et al. COVID-19 vaccine hesitancy and its associated factors in Japan. Vaccines. 2021;9(6), 662.
13) Yoshikawa Y, et al. Association of socioeconomic characteristics with disparities in COVID-19 outcomes in Japan. JAMA Network Open. 2021;4(7):e2117060.
14) U.S. Environmental Protection Agency. Climate change and social vulnerability in the United States: A focus on six impacts. 2021. www.epa.gov/cira/social-vulnerability-report

医学教育と気候変動
～医学教育の中に気候変動を組み込むには～
Medical Education and Climate Change

梶 有貴
Yuki Kaji, MD, MPH

国際医療福祉大学成田病院総合診療科
国立がん研究研究センターがん対策研究所行動科学研究部実装科学研究室
〒286-8520 千葉県成田市畑ケ田 852
E メール：ykaji@iuhw.ac.jp

提言

- 気候変動や地球温暖化といった地球環境の変化に対応できる医療人材を育成していくことがこれからの社会からのニーズとなっていく.
- 欧州を中心に, 医療専門職教育の中に気候変動や地球温暖化, プラネタリーヘルスを組み込もうとする動きが始まっている.
- 教員側には, 医学教育の中に気候変動を組み込むには学生と共に学び合うという姿勢が求められている.

要旨

近年, 気候変動や地球温暖化についての危機感が高まりをみせる中, 変わりゆく環境に対応できる社会を作り上げるためには次世代への教育が必要不可欠である. 医療専門職教育においても, 地球環境に対応した人材の育成がさらに求められる. そのような中で, 欧州を中心として気候変動や地球温暖化, プラネタリーヘルスといった内容を医療専門職教育の中に組み込もうとする動きが出てきている.「持続可能な医療のための教育 Education for Sustainable Healthcare: ESH」とは, 現在および将来の医療専門家が医療専門職教育を通じて, 環境面での持続可能なサービスを提供するための知識, 価値, 自信, 能力を身につけるプロセスと定義される. その具体的な学修目標や教育方法についての報告も出てきている一方で, 実際に組み込んでいく際にはさまざまな障壁があることも報告されている. 教員側には, この新たな教育分野において教員と学生が共に学び合うという姿勢が求められている.

Highlight

In recent years, there has been a growing sense of crisis regarding climate change and global warming. Education is considered essential for building a society that can cope with these issues. Educating medical professionals to cope with the changing global environment is also expected to become a major social need in the future. Under such circumstances, there is an emerging trend, mainly in Europe, to incorporate content such as climate change, global warming, and planetary health into the medical education. "Education for sustainable healthcare (ESH)" is defined as the process of equipping current and future health professionals with the knowledge, values, confidence and capacity to provide environmentally sustainable services through health professions education. Some reports have been published on its specific learning outcomes and teaching methods. On the other hand, various barriers to incorporating them have been reported. It is important for educator to have the idea that educator and students learn from each other in this emerging field.

Keyword：気候変動（climate change），持続可能な開発のための教育(Education for Sustainable Development: ESD)，社会的説明責任（social accountability），持続可能な医療のための教育（Education for Sustainable Healthcare: ESH）

はじめに

昨今，テレビのニュース，インターネットや新聞の記事を見て，気候変動や地球温暖化といった言葉を目にしない日はない．国連気候変動枠組条約締結国会議（COP）の開催や気候変動に関する政府間パネル（IPCC）の第6次報告書の公表など，国際的にも目立ったイベントが続いていることも注目度を上げる要因となっているが，何より毎年のように記録的な猛暑や水害，新たな感染症の流行を目にし，気候変動による甚大な影響を実感できるようになったことが関心の高さにつながっているといえるだろう．いまや環境や行政といった分野だけに留まらず，専門性の壁を越えて取り組む課題となっている．我が国でも菅義偉元総理の所信表明演説で掲げられた「温室効果ガスの排出実質ゼロ(ネットゼロ)」という目標に向け，我が国一丸となってその道筋を模索し始めたところである．

近年，世界中で気候変動や地球温暖化についての危機感が高まる中，欧州を中心に医学教育の中に気候変動を組み込もうとする動きが始まっており，今後我が国の医学教育の現場でも検討する機会が増えてゆくと予想される．本稿では，我が国でのこれまでの気候変動教育の流れを振り返ったうえで，医学教育の中に気候変動を組み込んでいくために何が求められるのかについてまとめていく．

気候変動教育とそのニーズの高まり

気候変動の危機に対処できる社会を作り上げていくためには，次世代への教育が必要不可欠であることはかねてより認識されていた．2002年にヨハネスブルグで行われた持続可能な開発に関する世界首脳会議の中で，我が国から「持続可能な開発のための教育(Education for Sustainable Development: ESD)」という考え方が提唱された．ESDとは，気候変動や生物多様性の消失などの地球規模の課題を自分事として捉え，その解決に向けて自ら行動を起こす力を身に付けるための教育のことであり，提唱されて以降は国連教育科学文化機関(ユネスコ)を主導機関として国際的に取り組まれてきた[1]．そして，2015年の国連サミットにおいて「Sustainable Development Goals: SDGs」として有名な17の目標と169のターゲットが提唱され，この中にも「4.7　2030年までに，持続可能な開発のための教育及び持続可能なライフスタイル，人権，男女の平等，平和の文化及び非暴力の推進，グローバル・シチズンシップ，文化多様性と文化の持続可能な開発への貢献の理解の教育を通して，全ての学習者が，持続可能な開発を促進するために必要な知識及び技能を習得できるようにする」という項目が組み込まれることとなった．これは単なるSDGsの1つの位置づけとしてではなく，SDGsの17の全ての目標の実現に寄与するものであることが，2017年12月の第74回国連総会において確認されている[1]．言うまでもなく，気候変動や地球温暖化の問題はSDGsを実現していく上の一丁目一番地にあたるものであり，その教育は特に重要視されている．我が国でも，2021年6月には文部科学省と環境省から「気候変動問題をはじめとした地球環境問題に関する教育の充実について」の通知が全国の教育委員会に出され，教育機関が気候変動対策に本格的に取り組むことが喫緊の課題であることが共有された[2]．

このように気候変動教育の必要性が認識されるようになった一方で，現状の課題についても指摘されている．2021年のCOP26にてユネスコより公表された「Getting Every School Climate-ready: How Countries Are Integrating Climate Change Issues in Education（すべての学校を気候変動に備える：各国はいかに気候変動の課題を教育に統合しているか）」という報告書では[3]，調査した100カ国の学習指導要領のうち，気候変動について言及していたのは全体の53％に留まった．また，サハラ以南のアフリカなど気候変動の影響を受けやすい地域の国々は学習指導要綱の中に気候変動について大きく盛り込まれているのに対して，逆にCO_2を多く排出している国々では遅れを取っており，気候変動教育にも地域差が存在することも明らかになった．さらに，同報告書では気候変動教育が行われているのは初等および中等教育が中心であり，高等教育や教員養成では十分に実施されていないという課題も指摘された．

つまり，我が国を含めCO_2排出という点で気候変動に責任がある国々ではより一層気候変動の教育に焦点を当ててゆく必要があり，気候変動教育をあらゆる学年の教育，あらゆる学習分野の教育に組み込んでいくことが求められていることがわかる[3]．

医学教育の中で気候変動を扱うべきか

さて，次に気候変動や地球温暖化といった内容を医学教育のカリキュラムの中で扱うべきかどうか，という点について掘り下げてみたい．ここまで見てきたように，社会の気候変動教育に対するニーズが高まっていることを考えれば，医学の教員であっても気候変動を一般教養として扱うことの必要性に関して特に異論はないだろう．一方で，医学教育の過密なカリキュラムの中でわざわざこのテーマを扱うのか，その労力に見合う問題なのかどうか，という点に関しては，教員の中でも意見が分かれるところかもしれない．これには，教員の視点だけではなく，学生や住民・社会の視点も合わせて考えてみる必要があるだろう．

まず，学び手である学生たちにとっては，医学教育の中で気候変動について扱うことに関してのニーズは高まりつつあるようだ．2018年にスウェーデンの若き環境活動家グレタ・トゥーンベリの学校ストライキから端を発した若い世代が気候変動への対策を求める活動“Friday For Future”は日本を含め世界中へと瞬く間に活動が広がっていったが，これに代表されるように持続可能な社会の作り手として期待されている若い世代の学生にとってはこの問題は特に強い関心の的となっている．2020年に米国12の医学部の600人の学生に対して行われた質問紙調査では，「気候変動とその健康影響を医学部のカリキュラムの中に含めるべき」と回答していたのは83.9％に上っていた[4]．日本の医学生の気候変動教育のニーズについて調査されたものはないものの，気候変動への意識が高い海外の医学生との交流がある医学生を中心に気候変動とその健康影響についてのディスカッションをする機会は増えてきているようであり[5]，今後ニーズが高まっていくことは予想される．

また，住民や社会の視点から見ても，気候変動とその健康影響に関して医療従事者へ期待が見て取れる．2015年に全米の一般成人を対象に行われた調査では，地球温暖化と健康に関する信頼できる情報源として，身近なプライマリ・ケア医からの情報を信じると答えた割合が最も高く，米国疾病対策予防センター（CDC）や世界保健機関（WHO）といった公衆衛生機関からの情報を信じると答えた人の割合よりも多い結果となった[6]．日本での調査は実施されていないが，医療従事者の言葉が患者の行動に与える影響の大きさを考慮すると，気候変動とその健康影響に対して適切な情報を持ちこの問題に積極的に取り組む姿勢が住民や社会から期待されていると想像できる.

この想定される医学生や住民・社会からのニーズの高まりに対して，医学教育の教員はどのように応えていくべきだろうか．医学教育において最近30年で特に強調されている概念として，「社会的説明責任 (social accountability)」という概念がある．社会的説明責任とは，「医療専門職個人または医療専門職集団全体として患者・住民・社会のニーズに応えていくこと」とされ，社会や制度といった幅広いレベルでのプロフェッショナリズムの要素の一つとしてとらえられている[7]．WHOから「医学校は教育・研究・奉仕活動を，自らが従事しているコミュニティや地域，国の優先的な健康問題について取り組む義務がある」という提言が出されていることからわかる通り[8]，未来の医療を担う医療人材には従事する社会のニーズに対処できることが期待されており，医学教育機関はその社会的説明責任を負っているのである．近年の地域医療・地域包括ケアや医療専門職の生涯教育・資格制度といった話題も，この社会的説明責任を問われたものと考えることができる[7]．気候変動とそれに対応できる医療人材の育成についても，これらの話題と同様に大きな社会のニーズの一つとなる可能性を秘めており，それに応えていけるようなカリキュラムを考えていくことも医学教育を携わる者には求められてくる.

持続可能な医療のための教育 Education for Sustainable Healthcare

医療専門職教育の中に気候変動教育を組み込んでいこうという動きは，近年欧州を中心に活発になっている．欧州医学教育学会（Association for Medical Education in Europe: AMEE）の学術雑誌である Medical Teacher 誌を中心として，さまざまな医学教育系の学術雑誌で「気候変動」や「地球温暖化」,「プラネタリーヘルス」といった内容の投稿や特集が出てきている．ただ，比較的最近となって文献が増え始めた新しい分野ということもあり，まだ用語が統一されていない印象を受ける．この教育分野を表す用語だけでもさまざまな表記がなされているが，本稿では2021年に公表されたAMEEのコンセンサス・ステートメント[9]の中で使われている「持続可能な医療のための教育 Education for Sustainable Healthcare（以下, ESH)」という用語で統一させていただく．ESHの定義は，現在および将来の医療専門家が医療専門職教育を通じて，環境面での持続可能なサービスを提供するための知識，価値，自信，能力を身につけるプロセス，となっている.

ESHではどのような医療人材を育成するのか

ESHを医学教育のカリキュラムの中に組み込んでいくための最初のステップとして，どのような医療人材を育成していくのかという学修目標

BOX 1　持続可能な医療のための教育（ESH）の学修目標[10,11,12]

1. Describe how the environment and human health interact at different levels.
（環境と人間の健康がさまざまなレベルにおいて与える影響について述べることができる.）
2. Demonstrate the knowledge and skills needed to improve the environmental sustainability of health systems.
（保健医療システムの環境面での持続可能性を向上するために必要な知識と能力を有している.）
3. Discuss how the duty of a doctor to protect and promote health is shaped by the dependence of human health on the local and global environment.
（健康を守り，増進するという医師の責務が，人間の健康が地域や地球の環境に依存していることによって形成されていることを論じることができる.）

の設定が挙げられる．現在，ESHの学修目標として考案されているものの中でも，Sustainable Healthcare Education Networkが作成した学修目標がたびたび引用される[10,11,12]（**Box 1**）．

1つ目の学修目標は，医師の“学者(scholar)”や“科学者(scientist)”としての役割を意味しており，生態系を守ることの重要性や，人間が自身の健康と地球の健康に対して与えている脅威について考察できることが目標として掲げられている．2つ目の学修目標は医師の“実践家(practitioner)”としての役割を意味しており，医療の持続可能性をプラクティスの質・改善につなげること，医療を持続可能なものにするためのアプローチやCO_2排出を意識した移動手段の再考など，CO_2削減政策と健康とのWin-Winとなる関係を模索することができることを掲げている．3つ目は，医師の“専門家(professional)”としての役割を示しており，気候変動が健康格差に与える影響やヒポクラテスの“Do no harm”の原則など，持続可能性に伴う倫理的側面を取り上げることができることを示している[11,12]．

ESHを医学教育の中に組み込むには

海外では，すでにESHを医学教育の中に組み込んでいこうとする動きがみられている．英国General Medical Councilでは，2018年公表の卒業時の到達目標の中に，「新しく資格を取得した医師は，ポピュレーションヘルスや健康増進，持続可能な医療に関する原則・方法・知識を医療に応用できなくてはならない」という項目を含めている[13]．また，オーストラリア医師会や米国看護協会でも同様に，卒業時のアウトカムとして地球環境の変化に対応できることを含めている[13]．

また，ESHの効果的な教育方法については海外でも模索が続いているようであるが，徐々にそのエッセンスについてはまとまりつつある．**Box 2**に地球環境の持続可能性を医療者に教育するための12のヒントを示す[16]．

しかし，こういった動きが出てきているのとは裏腹に，実際にESHを医学教育の中に組み込むには障壁もあるようだ．国際医学生連盟が実施した112カ国2,817の医学部を対象とした質問紙調査では，気候変動と健康についてのカリキュラム

BOX 2　地球環境の持続可能性を医療者に教育するための12のヒント[16]

1. 気候変動をより広範なプラネタリーヘルスの分野として解釈し，医療専門家が果たすべき役割と即時の行動が求められることを強調する．
2. 環境における持続可能性の内容を，より幅広い教育や専門的な実践目標とつなげる．
3. 気候変動が健康に及ぼす影響への備えのため，適応策と緩和策についての検討を行う．
4. 緩和策によってもたらされる健康への恩恵について学生に考えさせる．
5. プロフェッショナリズムの幅広い概念として，環境に関する倫理やアドボカシー，リーダーシップを盛り込む．
6. すべての教育において生物医学的なアプローチだけに留まらず，健康の環境的決定要因までを日常的に意識したものにする．
7. リソースの共有，出版，介入策の評価を通してコラボレーションを行う．
8. 地域における関連性(relevance)や専門家の利用可能性を考慮し，内容に優先順位づけを行う．
9. 環境における持続可能性をコアカリキュラムの中に組み入れ，コース全体を通して複雑性を持たせ，補強する．
10. 環境における持続可能性に関する，知識，技術，態度について教える．
11. 形成的評価，ポートフォリオ評価，あるいは学生主導の課題の評価など，学生の省察を促せるような評価を行う．
12. 積極的かつ粘り強く努力する．

を取り入れている医学部は全体のわずか14.7 %に留った[14]．ESHを医学教育の中に取り組む際の障壁について質的に調べた研究では，阻害要因としてBox 3のような要因が挙げられている[15]．ESHを効果的に医学教育の中に組み込むには，これらの阻害要因に対処できるような方法を選択する必要があるだろう．

教員と学生が共に学び合う姿勢

ここまで，医学教育の中に気候変動を組み込むための重要性とその取り組みについてみてきたが，それでも医学を専門に学び教えてきた教育者にとって，気候変動や地球温暖化といった馴染みのない分野を扱うことにはやはりハードルの高さを感じるかもしれない．また，改めて教育者側が知識の学び直しを行い，それを自らの分野に組み込んでいくことの労力に抵抗を感じることもあるだろう．ただ，この分野で医学の教員として求められるのは，「教員と学生とが共に学び合う」という姿勢であることを最後に強調しておきたい．

最近の医療系学生はすでに大学入学までの教育の中で何らかの環境教育を受けている世代が多い．令和2年度の環境教育等促進法基本方針の実施状況調査[17]によると，30歳未満の84.7 %が学校の授業の中で環境と社会に関することを学んだことがあると答えている．この数字は，50～59歳では全体の35.2 %，60歳以上では19.2 %であったのと対照的であり，指導医の多くが占める世代が受けた小中高の教育内容とは大きく様変わりしている．また，先に述べたように最近の若い世代は気候変動の問題について強い関心を持っており，この問題で積極的なリーダーシップも見せている．つまり，現在の学生は気候変動や地球環境という点では，指導医よりも気候変動や地球環境に関する知識や態度を持ち合わせている可能性があるということである．そういった学生をカリキュラムの中に関与させ，教員と学生がパートナーとして学んでいくことは理に適っていると言えよう．Tunらは ESHに取り組む教員を対象に半構造化面接を行い，グラウンデット・セオリー・アプローチを用いて「持続可能性を全ての医学教育に流れるテーマとして認識することで，教育者と学生が専門性に関わらず持続可能な医療についてお互いに学び，教えあうことができる」という理論を生成している[15]．学生と気候変動や地球温暖化について環境学など医学以外の側面からの知識を共に学びつつも，医学教員としてこの問題に関わる医学知識を指導していくという，双方向の関わり方ができるとよいだろう．

おわりに

医学教育の中に気候変動を組み込むことは，これまでの医学教育では前例のない試みであるため更なる議論が必要となるところであろう．ただ，気候変動や地球温暖化が医療に及ぼす結果を想像すると，未来の医療専門職は現在とはまるで異な

BOX 3　持続可能な医療のための学修を医学教育に組み込む際の阻害要因[15]

① 持続可能な医療についての知識を持った教育者の不足．
② カリキュラムの中に余裕がない．
③ カリキュラムの中の位置づけが不明確．
④ 学修資料の必要性．
⑤ 学修を評価することの難しさ．
⑥ レジリエンスを求められるような感情的なインパクト（※）．

※この問題は幅広い視点の考え方が求められ圧倒されることが多く，感情面でのレジリエンス（ポジティブな見通しを持つこと）が必要となる．

る社会や環境の中でそのプロフェッショナリズムを発揮していかなければなければならない．こういったさまざまな変化に適応できる医療人材を育成していくため，教員は従来の医学教育の延長線上に居続けるのではなく，新たな医学教育の形を模索していく必要がある．

Reference

1) 文部科学省国際統括官付，日本ユネスコ国内委員会．「持続可能な開発のための教育 (ESD) 推進の手引」．令和３年５月改訂．最終アクセス：2022 年６月３日．
https://www.mext.go.jp/content/20210528-mxt_koktou01-100014715_1.pdf
2) 「気候変動問題をはじめとした地球環境問題に関する教育の充実について（通知)」．令和３年６月２日．最終アクセス：2022 年６月３日．
https://www.esd-j.org/wp/wp-content/uploads/2021/06/ClimateChangeE-s.pdf
3) UNESCO. Getting Every School Climate-ready: How Countries Are Integrating Climate Change Issues in Education. 2021. [accessed 2021 Jun 3]
https://www.unesco-floods.eu/wp-content/uploads/2021/12/379591eng.pdf
4) Hampshire K, et al. Perspectives on climate change in medical school curricula—A survey of U.S. medical students. The Journal of Climate Change and Health 2021: 4: 100033.
5) 国際医学生連盟日本年次報告書 2020-2021. 2021 年 10 月．最終アクセス：2022 年６月３日．
https://issuu.com/ifmsa-japan/docs/_2020_ver.3_pdf
6) Maibach EW, et al. Do Americans Understand That Global Warming Is Harmful to Human Health? Evidence From a National Survey. Ann Glob Health. 2015; 81: 396-409.
7) 宮田靖志．医療プロフェッショナリズム教育：何をどう教えるか．薬学教育 2022; 6: 1-8.
8) Boelen C, Heck JE. Defining and measuring the social accountability of medical schools. WHO/HRH/95.7. 1995
9) Shaw E, et al. AMEE Consensus Statement: Planetary health and education for sustainable healthcare. Med Teach. 2021; 43: 272-286.
10) Thompson T, et al. Learning objectives for sustainable health care. Lancet. 2014; 384: 1924-1925.
11) Centre for Sustainable Healthcare. Educating for sustainable healthcare – expanded learning outcomes. 2015 [accessed 2021 Jun 3].
https://sustainablehealthcare.org.uk/educating-sustainable-healthcare-expanded-learning-outcomes .
12) Teherani A, et al. Identification of core objectives for teaching sustainable healthcare education. Med Educ Online. 2017; 22: 1386042.
13) Tun S et al. Faculty development and partnership with students to integrate sustainable healthcare into health professions education. Med Teach. 2020; 42: 1112-1118.
14) Omrani OE, et al. Envisioning planetary health in every medical curriculum: An international medical student organization's perspective. Med Teach. 2020; 42: 1107-1111.
15) Tun S. Fulfilling a new obligation: Teaching and learning of sustainable healthcare in the medical education curriculum. Med Teach. 2019; 41: 1168-1177.
16) Schwerdtle PN, et al. 12 tips for teaching environmental sustainability to health professionals. Med Teach. 2020; 42: 150-155.
17) 環境省大臣官房 総合政策課環境教育推進室．『令和２年度環境教育等促進法基本方針の実施状況調査（アンケート調査)」結果』．令和３年３月．最終アクセス：2022 年６月３日．
http://www.env.go.jp/policy/kyoiku/all.pdf

Opinions

1. なぜ今，総合診療医は医療の質・安全領域へ向かうべきなのか？

2. 新型コロナ感染症・第６波と利尿薬を中心とした保存的腎臓療法

3. うっ血性心不全と慢性腎臓病の両疾患を同時に診ることができる医師の養成が必要

Opinion

なぜ今，総合診療医は医療の質・安全領域へ向かうべきなのか？

和足 孝之
Takashi Watari, MD,MHQS, PhD

University of Michigan Healthcare system
Division of Hospital Medicine
本誌 Editor in Chief

患者安全上の問題の一角である診断エラーや認知バイアスは2022年ECRIレポートでも取り上げられるなどと[1]，その重要性はわが国の総合診療医においても認識され，様々な活動が行われ始めている[2,3]．しかし，現状を見るにわが国の医療の質・安全の実務は役職が高いベテラン医師が自分のこれまでの専門分野の業務に加えて片手間で行われていることが多いのかもしれない.故に，筆者はこの領域は今後わが国の未来のジェネラリストが必ず中心的に貢献する分野になると信じている．なぜか？その根拠は下記の4つをあげる．

第一に，医療の質・安全はわれわれが提供する臨床面でのケアとキュアの両方において極めて重要であるためだ．多くの場合医療者は自分たちが良かれと思って提供している医療サービスが，実際には患者に害を与えているかもしれないという事実は認識され難い．しかし2016年にBMJから発表された米国の死亡原因の第3位はmedical errorである可能性が発表されるなど，世界の潮流は明らかに大きく変化してきている[4]．わが国の医療の質・安全のレベルが米国と同程度だと仮定すれば，年間に十数万人がmedical errorが原因となって死亡していることになる．もし仮に少なく見積もって，6位や7位に該当する事故や自殺など同等の割合であると仮定しても推定3～4万人の死亡者がいることになる．これほどまでに大きいネガティブインパクトであれば，本来は診断学や治療学以前に着目すべき最重要課題であるはずだ．一方で，幸運なことに総合診療医は医療の質・安全の領域で最も重要となる考え方であるSocial Determinant Health（社会健康決定要因），Patient Engagement（患者協同），Patient-Centered Care（患者中心性）などの概念と極めて親和性が高く，総合診療医が持つ包括的な視点や視座や視野とも極めて相性が良いのである[5,6]．

第二の理由は総合診療医の知的好奇心との相性が極めて良いことである．医療の質・安全領域はジェネラリストにとって好奇心を駆り立てる極めて重要な研究領域となることが既に先行研究で示されてきている[6,7]．特にこれはチームで患者に医療サービスを提供する病院のような施設でこそ当てはまる[8,9]．米国のホスピタルメディシンや総合内科の歴史を見るに，ジェネラリストが自らの診療の安全性，費用対効果，患者満足度，労務環境の改善，教育業務などにおける優位性を，施設レベルだけなく，地域レベル，国や行政レベルで科学的に証明してきたことで，初めて大きなインパクトを与えてきたのだ[10]．これそこそが米国でホスピタルメディシンが最大の医師の集団となった大きな理由の一つとも言える．翻って，筆者が以前実施したホスピタリストが発表したPub Med上の論文発表の傾向では，ヘルスサービスの領域と併せて医療の質・安全領域が世界では約40%を占めていた[11]．しかし，日本の大学病院に限った総合診療医の研究テーマの調査では両方を合わせても2%にすら至っていなかった[12]．また興味深いことに，筆者が実施した別の研究では，実際に2015年から2020年の間に日本の総合診療がPubMed上に掲載された合計2,372編の論文の解析では5年間で2.6倍に増加していたし，その中でも医療の質・安全とサービス領域は8%を占めていた．このことからも，日本のアカデミックジェネラリストが医療の質・安全の領域で活躍すべきフィールドはもうわれわれへと明らかに開放されているのだ．

第三の理由は医療の質・安全のスキルと知識は総合診療医にとって重要なサブスペシャリティーになるからだ[8, 9, 11]．例えば内視鏡や感染症等の知識と同等に，あるいはそれ以上に，規模が大きい施設に属する総合診療医にとって将来的に武器となり得るだろう．厚生労働省が提案する「医療安全管理のための指針」でも委員会の設置基準や，委員長(多くは副院長)の適切な配置等を促しているが，現状としては実践的専門家が未だに乏しい状態だ．比較として，例えば筆者が学んだ，ハーバード大学医学部大学院(MHQS)の医療の質・安全分野のファカルティーの多くは臨床業務としてはジェネラリストとして貢献している(してきた)医師が圧倒的に多かった．さらに米国SGIMやSHMといったジェネラリストの国際学会を垣間見れば研究テーマもやはり医療の質・安全領域が多いのが一目瞭然である．このように，ジェネラリストとしての専門性を高めていくにあたって，スペシャリストが不在の横断的・俯瞰的な学問領域こそ我々のベストサブスペシャリティーになるだろうと信じている[12-14]．

最後に，マネージメントリーダーとして医療の質・安全の知識と技術が日本のジェネラリストにとって極めて役立つことを訴えたい[8, 9]．これまで日本では，中核病院や大学病院，あるいは小規模病院で，多くの総合診療部門が設立されては十分に機能することができずに消退してきた歴史がある．筆者は，それらの根本原因を徹底的に分析し，変革行動を実施するためにこそ，この医療の質・安全の専門性が活かされると確信している．

チームビルディング，change management（改革マネージメント），タフネゴシエーション，病院経営学の側面でも様々な根本原因分析ツールやQuality improvement（QI）ツール，ＱＩマインドセットを用いることができれば，複雑に絡み合った問題の原因を一つ一つ正確に同定し，リスクを予測し，その施設で最も費用対効果の高い実装戦略を立てることができるからである．これらは，特に総合診療領域の中堅リーダーから施設全体のリーダーとして活躍する際に大きな武器になる．

複雑かつ高度に医学も進歩する中で，患者のニーズへの対応，患者の安全確保，システムの効率化，質の向上をし続けるとなると，われわれは学ぶことなしに十分に追いつけないだろう．今後，総合診療医にとっては医療の質・安全の領域がこれまでメインストリームであった個々の治療学に代わり重要になることは間違いないと信じている．われわれの医療の質を高めるためには，われわれの医療の質や安全性の水準を監視し，評価し，改善し続ける継続的な体系的アプローチが重要になる．そこにこそわれわれ日本のジェネラリストの活路があると信じている．

参考文献

1) Harada T, Watari T, Miyagami T, Watanuki S, Shimzu T, Hiroshige J: COVID Blindness: Delayed Diagnosis of Aseptic Meningitis in the COVID-19 Era. Eur J Case Rep Intern Med. 2020; 7(11): 001940.
2) Harada T, Miyagami T, Watari T, Kawahigashi T, Harada Y, Shikino K, Shimizu T: Barriers to diagnostic error reduction in Japan. Diagnosis (Berl). 2021.
3) Singh H, Schiff GD, Graber ML, Onakpoya I, Thompson MJ: The global burden of diagnostic errors in primary care. BMJ Qual Saf. 2017; 26(6): 484-494.
4) Makary MA, Daniel M: Medical error-the third leading cause of death in the US. BMJ. 2016; 353: i2139.
5) Zaki N, Cavett T, Halas G: Field note use in family medicine residency training: learning needs revealed or avoided? BMC Med Educ. 2021; 21(1):451.
6) Jaraba Becerril C, Sartolo Romeo MT, Villaverde Royo MV, Espuis Albas L, Rivas Jimenez M: Evaluation of patient safety culture among family and community medicine residents in a hospital A& E department. An Sist Sanit Navar. 2013; 36(3): 471-477.
7) Kassam A, Sharma N, Harvie M, O'Beirne M, Topps M: Patient safety principles in family medicine residency accreditation standards and curriculum objectives: Implications for primary care. Can Fam Physician. 2016; 62(12): e731-e739.
8) Flanders SA, Kaufman SR, Saint S, Parekh VI: Hospitalists as emerging leaders in patient safety: lessons learned and future directions. J Patient Saf. 2009; 5(1): 3-8.
9) Flanders SA, Centor B, Weber V, McGinn T, Desalvo K, Auerbach A: Challenges and opportunities in academic hospital medicine: report from the academic hospital medicine summit. J Gen Intern Med. 2009; 24(5):636-641.
10) Messler J, Whitcomb WF: A history of the hospitalist movement. Obstet Gynecol Clin North Am. 2015; 42(3): 419-432.
11) Watari T: The new era of academic hospitalist in Japan. J Gen Fam Med. 2020; 21(2): 29-30.
12) Watari T, Tago M, Shikino K, Yamashita S, Katsuki NE, Fujiwara M, Yamashita SI: Research Trends in General Medicine Departments of University Hospitals in Japan. Int J Gen Med. 2021; 14:1227-1230.
13) Neumeier A, Levy AE, Gottenborg E, Anstett T, Pierce RG, Tad YD: Expanding Training in Quality Improvement and Patient Safety Through a Multispecialty Graduate Medical Education Curriculum Designed for Fellows. MedEdPORTAL. 2020; 16: 11064.
14) Kvam KA, Bernier E, Gold CA: Quality Improvement Metrics and Methods for Neurohospitalists. Neurol Clin. 2022; 40(1): 211-230.

Opinion

新型コロナ感染症・第6波と利尿薬を中心とした保存的腎臓療法

杉本 俊郎
Toshiro Sugimoto MD

滋賀医科大学総合内科学講座
東近江総合医療センター内科診療部
本誌編集委員
Department of Medicine, Shiga University Medical Science
Seta Otsu Japan

2022年の2月現在，当院（東近江総合医療センター）でも，80～90歳代のSARS-CoV2に感染した高齢者の入院が相次いでいる（滋賀県は，感染者の増加による感染症病床の逼迫のため，低酸素血症を認める中等症II以上に相当する症例が入院適応になっている）．新型コロナ感染症・第6波の特徴として，入院高齢者の半数以上が，COVID-19の肺炎ではなく，うっ血性心不全・慢性腎臓病に伴ううっ血の悪化による低酸素血症であることが挙げられる．

新型コロナ感染症が蔓延してなければ，これらの進行したうっ血性心不全・慢性腎臓病を伴う症例は，かかりつけ医によって，緩和的な治療をうけていたはずである．しかし，二類相当感染症ということで，家族・地縁・かかりつけ医から，強制的に切り離された環境で治療・療養をうけなければならない現状に疑問を感じる．また，利尿薬等を適切に使用して，体液量の管理（うっ血・浮腫）の管理（適切な保存的腎臓療法）が出来てさえおれば，このような悲劇的な現状を迎えずに済んだのではないかと思うと，非常に残念である．

2022年2月19日記載

参考文献

1) Conservative kidney management https://www.ckmcare.com/
保存的腎臓療法を紹介している欧米のサイト
患者向け，医療従事者向けに，保存的腎臓療法についての詳細が紹介されている
2022年2月19日検索

BOX 1

Conservative kidney managementのサイトに紹介されている体液過剰・うっ血・浮腫に対する利尿薬投与の一例（筆者引用・改変）

1 経口フロセミドを開始して，投与量の増量を

経口フロセミド 1回20mgを1日2回から開始，そして，最大1回120mg・1日2回まで増量．投与開始後，もしくは，投与量変更後，2～5日で効果の評価を．

2 経口フロセミド1回120mg・1日2回で，効果不十分な時は，サイアザイド系利尿薬であるmetolazone 2.5mg-5mgの経口投与の追加を．投与追加後2～5日で効果の評価を．

＊注　metolazoneは，本邦では上市されておらず，筆者は，作用時間が長いサイアザイド類似薬　インダパミド　1～2mgを使用している．

ループ利尿薬はNa利尿効果は強力であるが，その作用時間が短く，効果が1日持続しないことが，体液過剰・うっ血・浮腫管理に不利になる点である．サイアザイド類似薬は，Na利尿効果は弱いが，その作用時間が1日持続することから，作用時間の短いフロセミドとの併用により，利尿薬のNa利尿効果が1日持続すると考えられている．しかし，利尿薬の併用は，低ナトリウム血症・低カリウム血症・血清クレアチニンの上昇に注意する必要がある．

Opinion

うっ血性心不全と慢性腎臓病の両疾患を同時に診ることができる医師の養成が必要—subspecialityとしての，cardionephrologyとnephrocardiology，そして，これらに呼応する総合的な視点を有する内科医が必要である

杉本 俊郎
Toshiro Sugimoto MD

滋賀医科大学総合内科学講座
東近江総合医療センター内科診療部
本誌編集委員
Department of Medicine, Shiga University Medical Science
Seta Otsu Japan

人口が高齢化している地域の中核病院において，うっ血性心不全(CHF)と慢性腎臓病(CKD)が併発している症例が外来にも病棟にも多数存在するのが現状である．私は，うっ血性心不全パンデミックは，同時に慢性腎臓病パンデミックであると考えている（**Box 1**）．いわゆる，cardio-renal syndrome (CRS) パンデミックである[1]．

私の専門である腎臓内科医の視点からみれば，これらCRSの症例のほとんどが，尿中タンパク排泄量が少ないこと等から，加齢に伴う腎硬化症であることが想定され，腎生検や免疫抑制薬等の腎臓内科的な診断･治療が不要であることが多い．しかし，腎機能は当然のこと，血圧，体液量，貧血，電解質異常等の管理といった腎臓内科的な視点が，予後の改善に重要であることは，間違いないであろう．

さらに，循環器内科医の視点からみれば，CRSのすべてが，心臓カテーテル検査やインターベンション等の侵襲的な処置・治療が必要となる訳でない．さらに，ガイドラインに提唱されている内科的治療を行う時に足かせになるのが腎機能の低下であることが多く，腎機能異常への適切な対応が必須であることも，間違いないであろう．

最近，欧米では，cardionephrology，もしくは，nephrocardiologyといった，cardiology/nephrologyのsubspecialityの必要性が提言されているようになっている[2,3,4]．しかし，地域におけるCRSパンデミックには打ち勝つためには，subspecialityとしての，cardionephrology/nephrocardiologyの確立のみでは不十分であり，これらのsubspecialityに呼応する総合的な視点をもつ内科医の育成が伴う必要があると考えている．よって，滋賀医科大学総合内科学講座は，東近江総合医療センターにおいて，CRSパンデミックの対応可能な内科医の育成を目的の一つに挙げている．

参考文献

1) Herzog CA. Congestive Heart Failure and Chronic Kidney Disease: The CardioRenal/NephroCardiology Connection. J Am Coll Cardiol. 2019; 73:2701-2704. PMID: 31146815.

2) Kazory A, McCullough PA, Rangaswami J, Ronco C. Cardionephrology: Proposal for a Futuristic Educational Approach to a Contemporary Need. Cardiorenal Med. 2018; 8: 296-301. PMID: 30089281

3) Rangaswami J, Mathew RO, McCullough PA. Resuscitation for the specialty of nephrology: is cardionephrology the answer? Kidney Int. 2018; 93: 25-26. PMID: 29137816.

4) Hatamizadeh P. Introducing Nephrocardiology. Clin J Am Soc Nephrol. 2022; 17:311-313. PMID: 34893503

BOX 1 地域医療の問題点

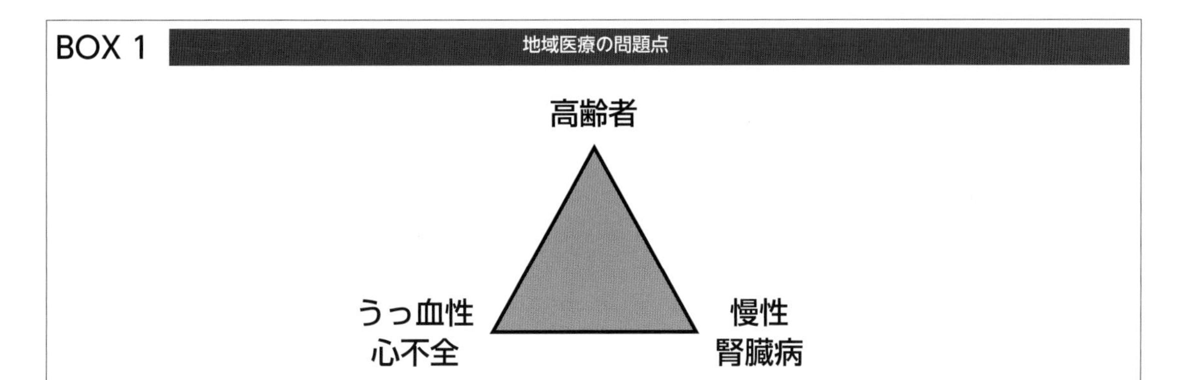

地域医療の大きな問題点：高齢者におけるうっ血性心不全・慢性腎不全の併発例が多い．これらの両方の病態に体液過剰が関与している．

JCGM Forum

Generalist Report
Journal Club

4.

Generalist Report

わたし，芸大生しております．

井上 和興

大山町国民健康保険大山診療所 / 鳥取大学医学部地域医療学講座

2021 年度から，大山町国民健康保険大山診療所所長をしている井上和興です．その 1 年前の 2020 年度から，京都芸術大学大学院（修士課程）に入学しています．この大学院に入学したのは，ユーザー中心性を徹底しながら「もの」を作るデザイン思考とはなにか考えたいためでした．デザイン思考とは，ユーザーへの【共感】【問題定義】を行い，アイデアの【発想】【プロトタイプ】【テスト】の 5 つのステップを繰り返し，課題の奥底にあるものを見抜き，それに基づき「もの」をデザインするプロセス / 考え方を指します．

大学院 1 年生はデザイン思考とは何かを学びます．2 年生は，デザイン思考のプロセスを踏みながら，チームで「もの」をデザインします．いま井上は 2 年生で，エンジニア・地域づくりの専門家・デザイナーとチームを組んでいます．チームでの議論の末，「オンラインコミュニティにおける非同期でのカジュアルなコミュニケーションの生み出し方」がテーマとなりました．現在は，このテーマの奥底にあるものを掘り下げながらデザインしている過程にいて，なにができるかワクワクしています．

総合診療では，「患者中心性」というものが核のひとつに挙げられます．そのため，ユーザー中心性を徹底するデザイン思考のプロセス / 考え方はフィットする部分がありそうです．ここで学んだことを総合診療でどのように活かすか考えながら，残り少ない芸大生活を過ごしていきたいと思います！

＊ おかげさまで，2022 年 3 月無事修士課程を修了することができました

親子で読んでもらって家庭医の活動を知ってもらえるような絵本

李　瑛

鳥取大学医学部　地域医療学講座

小生は鳥取大学の地域医療学講座に所属しております．現在, 大学やサテライト病院で総合診療・家庭医療の教育・実践を行っていますが，臨床以外の取り組みが様々できるのも大学のいいところなのかもしれません．

鳥取県は，家庭医の数は少なく，まだまだ認知度が低いのが現状です．家庭医専門医が決して多くない本県でどのようにその認知を広げていくか, ということが講座の課題の一つでもあります．こうした課題に対して，所属する講座の HP の作成にも携わってもらっている地元のクリエイティブスクールの卒業生達と毎年様々なコラボレーションを行っています．過去にはフリーペーパーで家庭医と地域で活躍する美容師さんとの対談を行いましたが, 昨年度は絵本の作成を行いました．幼児をそのターゲット先として，親子で読んでもらって家庭医の活動を知ってもらえるような絵本を作りました．鳥取の地域性 (地元の方言や地元の風景)，多様性 (患者さんは動物だったり妖怪だったり，いろんな主訴だったり) を大事にして, 地域の住民さんと対話をしながら, 主人公 (患者さん) と家庭医が地域を一緒に歩いていくそんなストーリーです．

地元紙にも取り上げてもらい，鳥取県西部の保育園・図書館に寄贈いたしました．小生も保育園に読み聞かせにいき，園児との交流を通じて，医療というものに興味をもってもらえたのかな，と思います．家庭医に興味をもつ人たちを増やすささやかな取り組み，続けていきたいと思います．

Generalist Report

医療の谷間に灯をともす

懸樋 英一

鳥取市立病院　総合診療科

2003年に自治医大を卒業し，義務年限が終わった後，地元の鳥取市立病院に就職しました．臓器別専門領域に進むか，義務年限内同様ジェネラルなことをやり続けるか迷いましたが，同院長より総合診療科の立ち上げに参加してほしいと声をかけて頂き，同病院を選択しました．

内科医不足が深刻でしたが，その代わり初診外来をたくさん経験でき，診断に困った症例はケースレポートやレビューを書くことで知識を深めることができました．特にレビューの際は，自治医大大学院の経験が役に立ったと思います．入院患者は高齢者が多く，臓器別に分けられない症候の患者さんは総合診療科で引き受ける体制を整え，この取り組みのおかげで多職種協働によるチーム医療の勉強もできました．

このような取り組みの過程で，Faculty development (FD) の勉強会に参加する機会に恵まれ，総合診療の考え方をより深く学ぶことができました．さらに，共に学ぶ仲間が増え，特に地元の鳥取大学地域医療学講座の先生方とは，総合診療・家庭医療を志す若い医師たちの育成に関わらせて頂いております．多くの若い医師が総合診療に興味を持って頂けると幸いです．

自治医大の建学の精神は「医療の谷間に灯をともす」とされています．時代の変遷で，純粋な医師不足から専門医不足，現代は医療の細分化や偏在によってFDの不足が課題と感じます．今後も，臨床・教育・研究を通じてFDを高め，谷間に灯を灯すことで社会貢献に繋がればいいなと思います．

臨床倫理カンファレンス（もやもやカンファ）の取り組み

櫻井 重久

鳥取市立病院総合診療科

医療現場では様々な倫理的なジレンマが生じ，意思決定に困難を感じ，方針が妥当なのかもやもやとした感情が残ることがあります．当院では，従来そのような事例において個別的に当事者が話し合うことはありましたが，組織的に対応する仕組みがなく，場合によってはスタッフの感じたもやもやは消化不良のまま残ることもありました．

当院（病床数約300床の急性期病院）では2020年から臨床倫理カンファレンスを開催しています．総合診療科医師，メディカルソーシャルワーカー，退院支援看護師，理学療法士，言語聴覚士がメインメンバーとなり，週に1回，各病棟をまわり，病棟看護師と共に倫理的に困難な症例の拾い上げを行います（もやもや回診）．回診時にさらに詳細な検討が必要と判断された症例については，後日拡大版のカンファレンス（もやもやカンファレンス，通称「もやカン」）で「ジョンセンの臨床倫理4分割法」や「人生の最終段階における医療・ケアの決定プロセスに関するガイドライン」等を使用して検討を行います．患者本人の判断能力が低下している場合の栄養療法等の治療方針や，療養場所の選定，患者や家族内での治療方針に対する意見の相違などが検討事項になることが多い印象です．今後はさらに認知度を向上させ，コンサルトへの心理的障壁を下げるような取り組みを行いたいと考えています．

Generalist Report

ジェネラルという専門性の向こう側

谷口晋一

鳥取大学医学部　地域医療学講座

私はもともと内分泌代謝を専攻し，バセドウ病や糖尿病などの患者を診ていました．そのうち基礎研究が面白くなり，米国NIHに留学して甲状腺細胞の遺伝子発現の解析など，30代までは基礎研究にのめりこむ日々でした．大学に戻り後輩の指導にあたるようになると，基礎研究と並行して大学近郊の生活習慣病調査をはじめました．学生時代に過疎地で健康調査などをしていた経験もあり，地域の人たちとの交流も楽しく，徐々に地域フィールドが主体となっていきました．その後，2010年に鳥取大学医学部に地域医療学講座が新設され，初代として着任しました．当初は地域医療実習などの実務に忙殺されていましたが，地域医療とは何かを深く考えるうちに，ジェネラルの真髄にある哲学とは何かが無性に知りたくなりました．マクウイニーの家庭医療学を議論し，若手とイギリスの家庭医療の現場を視察するなど，教室メンバーと模索の日々が続きました．今では，学問は家庭医療学，哲学は現象学，教育は医療人類学をキーワードに，教育実践を行っています．

医学生の教育，地域枠の支援，過疎地のサテライト施設運営など，仕事は増える一方ですが，学問基盤が明確になったことで，アイデンティティーに思い悩むことは少なくなりました．「ジェネラルという専門性の向こう側」には，思いもかけない人文学の沃野が広がっていました．基礎研究に没頭していた30代とは違う意味で，ジェネラルは掘れば掘るほど面白い，とワクワクしている還暦の今日この頃です．

Case Reportを書く！～壁の向こう側を夢見て～

山田 安希

東近江総合医療センター　総合内科

滋賀県の田園の中にある東近江総合医療センターで総合内科医師（後期研修医）として勤務しております．このような寄稿の機会をいただき誠にありがとうございます．

さて，新型コロナウィルスの流行下で，コロナ対応に追われ，経験できる症例・手技の幅が減ったことは否めません．その煽りはわたしたち後期研修医だけでなく，初期研修医・学生にも及んでいます．しかし，嘆いていても仕方ありません．

私の指導医の先生はたくさんのCase Reportを発表しておられます．私が先生を尊敬する理由は，臨床能力・診断能力の高さもさることながら，そのアウトプット力の高さです．しかし，「とりあえず書いてみなはれ」と言われ，初めて英文で書いたCase Reportは投稿すら許されず，ボツ．けど，「私も先生のようにCase Reportを世に出したい！！！」と初期研修医の頃から（想いだけは）誰よりも強く抱いていたつもりです．

私が大事にしている言葉は，“The brick walls are there for a reason. The brick walls are not there to keep us out. The brick walls are there to give us the chance to show how badly we want something.” — Randy Pausch．です．人生で一番つらかったときに親友がくれた言葉で

す．歯を食いしばるときに，思い返します．

いつも，何かをしようとするとき，そこには私なんぞには永遠に越えることができない壁があるように思います．今回も，まだ見ぬ壁の向こう側―Case Reportを世に出せる日―なんて永遠にこないんじゃないかと思っていましたが，今回，Clinical Pictureで短いものですが，Acceptのメールをいただきました．

新型コロナウィルスの流行で，以前と比較すると経験不足や現場の疲弊感は否めません．しかし，できることをこつこつと，壁の向こう側を夢見続けて，師匠のようにたくさん発信できる医師を目指して，これからも精進していきたいと思います．

だれもが安心して過ごせる医療機関 ―多様な性のあり方を支持する取り組みから考える―

金 弘子

飯塚病院　総合診療科

みなさんの周りに左利きの方はおられますか．

では，性的少数者の方はいかがですか．

私は，2020年初旬から続くコロナ禍に後押しされるように【だれもが安心して過ごせる医療機関の実装プロジェクト】を始めました．以前より健康課題を抱えやすい集団―外国籍の人や子ども，経済的困窮者など―に関心があり，社会の脆弱性が顕在化する中，病院で働くからこそできることがあると考えたからです．現在は性的少数者が直面しやすい課題に取り組んでいます．

2020年4月から月ごとに学習会を開催，同年10月よりSNS（Social Networking Serviceの略で，登録された利用者同士が交流できるWebサイト）を使って全国の医療者・非医療者，セクシュアリティやジェンダーも多様な仲間と，医療機関における個人の経験や既知の課題，多様な性のあり方に配慮する方策を学んでいます．知識と実装の間にある溝を感じつつ，多忙な臨床現場へ具体的な取り組みとして落とし込むことを目標に試行錯誤する1年半を経ました．性別欄の削除などの施行に加え，実装の支援ツールを作り始めました．ご興味ありましたらご連絡ください．

左利きの人は日本人人口の5.8%（17人に1人）[1]，性的少数者（シスジェンダーかつヘテロセクシュアル以外の人）は8.9%（11人に1人）[2]との報告があります．利き手のように目に見えないからこそ，同僚や患者にもいるかもしれないと考え，その方が困難に遭わず，職場もしくは受診先として「安心して過ごせる医療機関」だと感じられるように活動を続けようと考えています．

*1 博報堂生活総研による定点調査(2020)

*2 電通によるＬＧＢＴＱ＋調査2020

Journal Club

プライマリ・ケア医による脳腫瘍診断における患者経験

黒田 格

Department of Family Medicine. SUNY Upstate Medical University,

Walter FM, Penfold C, Joannides A, et al. Missed opportunities for diagnosing brain tumours in primary care: a qualitative study of patient experiences. Br J Gen Pract. 2019 Apr;69(681):e224-e235. doi: 10.3399/bjgp19X701861. Epub 2019 Mar 11. PMID: 30858332; PMCID: PMC6428480.

脳腫瘍の診断に関して，医師の視点から「見逃しが怖い」「いや画像で一発診断だ」など思うことは様々と思います．この論文では患者側の視点から，英国のGeneral practitioner (GP) による診療を介して最終的に脳腫瘍と診断された患者が脳腫瘍の診断についてどう考えるか，すべてのプライマリ・ケア医にとって重要な概念が詰まった論文です．

要旨

・方法：質的研究．対象者は，最近脳腫瘍と診断された39名の患者とその家族．

・結果：対象者は，症状というよりも“微妙な体調の変化”を経験した．それらはしばしば自分よりも他人に気づかれた．主な体調の変化は，“認知の微妙な変化（読み書きや理解，記憶，睡眠の変化，集中など）”，また眩暈などその他の“Head feeling”と表現される，頭痛とは異なるものであった．GPとのコミュニケーションの質が，自覚症状の覚知と再診するタイミングの決断に重要な役割を果たした．

・結論：“様々な微妙な変化”“GPへの頻繁な再診”が脳腫瘍の診断につながったと考えられた．GPの意識，再診に関する十分なコミュニケーションが患者経験やアウトカムを改善する可能性がある．

コメント

神経学的所見を丁寧にとることに加え，“微妙な変化”を引き出す攻める問診ができないか，再診の基準をわかりやすく説明できないか，など振り返る事でプライマリ・ケアにおける脳腫瘍診断の見逃しや遅延を減らし，患者経験やアウトカムを改善できればと思います．診断基準やガイドラインに“微妙な変化”とは記載できないので，これは質的研究の面白いところですね！

Journal Club

高い血中 VitD 濃度は転倒予防に役立つか？

原田 拓

練馬区光が丘病院 救急総合診療科

Sim M, Zhu K, Lewis JR, et al. Association between vitamin D status and long-term falls-related hospitalization risk in older women. J Am Geriatr Soc. 2021 Nov; 69(11): 3114-3123.

これまでの VitD 関連の研究は結果がまちまちでメタ解析をすると良い結果がでない．というのが常でした，原因としてベースライン群がいろいろ (VitD の測定や欠乏リスクあるなしでごっちゃ), VitD の投与スケジュールもいろいろ，フォローアップ期間が短い，などなどいろいろなことが原因として指摘されてきました．25(OH)VitD の望ましい血中濃度 (20-30ng/mL あたりとする学会が多いです) や転倒予防に関するコンセンサスも得られていない状況です．

そんな中，ベースラインの VitD は全例測定，自己申告の転倒ではなく客観的な指標 (転倒による入院) で判断，14-15 年の長期フォロー，という前向き研究になります

※ 1: ここでの VitD は「25(OH)VitD」を示します
※ 2: ここでは nmol/L を全て ng/mL に換算しています (2.5nmo/l = 1ng/mL)

Key Point:

・25(OH)VitD の値が高いほど身体機能の向上と関連していた
・25(OH)VitD の低下に伴い転倒リスクの上昇が認められた
・25(OH)VitD が 30ng/mL 以上を維持すると長期的な転倒にともなう障害リスク低減に役立つ可能性がある

背景 : ビタミン D の状態と高齢女性の入院を要する重大な転倒のリスクとの用量反応関係は不明である．14.5 年間にわたる高齢女性の大規模コホートにおいて転倒関連入院との関連を検討した．
方法 : 70 歳以上のオーストラリア女性 1,348 人を対象にベースライン (1998 年) の 25(OH)VitD の濃度，握力 ,TUG を評価，転倒に関する入院のデーターをフォロー．
結果 : 25(OH)VitD の中央値は約 27 ± 11 ng/mL.
低値 /Low(20ng/mL 未満)
384 人 (28.5%), 中 値 /Middle(20-30ng/mL) 491(36.4%), 高値 /High(30ng/mL 以上)
473(35.1%), に分類された．

14.5 年の追跡期間 (14637 人年) で 535 人 (39.7%) の入院を必要とする転倒を経験し，各カテゴリー間で有意に異なっていた (p=0.015)．多変量解析では High 群は Low 群と比較して転倒関連入院が低かった (HR 0.76 95%CI 0.61-95)．25(OH)VitD の濃度低下に伴い転倒関連入院のリスクが上昇し，濃度が高いほど TUG の値がよかった．TUG, 糖尿病，心血管疾患を多変量調整に含めても転倒外傷との結果は変わらなかった．
限界 : VitD の血中濃度，握力 ,TUG などの評価は初回のみの評価であること，観察研究であるため因果関係の確立はできないこと，転倒関連入院の評価は初回のみであること，高齢女性の研究なので高齢男性や若年など他の集団には一般化できない．
結論 : オーストラリアの高齢女性で 25(OH)VitD を 30ng/mL 以上に維持することは筋機能維持に有用であり，入院を必要とする転倒を予防できる可能性がある．この関連は 25(OH)VitD が高い女性にみられる身体機能の向上とは無関係である．

コメント

因果関係の証明にはなっていないですし，あと「転倒による入院」以外の Outcome には触れられていない，なども気にはなりますが…これまでの VitD 関連の研究の欠点の多くを克服した 14-15 年という長い期間の前向き研究，VitD の血中濃度は全例測定，客観的な指標というデザインでの Positive study ということで一定以上の価値はある研究だと思いました．

Journal Club

糖尿病は治るのか？

岡田 博史

松下記念病院　糖尿病・内分泌内科

Lean ME, Leslie WS, Barnes AC, Brosnahan N, et al. Primary care-led weight management for remission of type 2 diabetes (DiRECT): an open-label, cluster-randomised trial
Lancet. 2018 Feb 10;391(10120):541-551.

みなさん，こんにちは．2021年12月にこの原稿を作成しておりますが，オミクロン株によるCOVID-19感染が市中でも散見されるようになり，第6波がいよいよ現実的なものとなってきました．さて，糖尿病はcommon diseaseであり，専門医でなくとも内科医であれば診療の機会は非常に多いかと思います．そもそも糖尿病は治る病気なのでしょうか．現時点で糖尿病に対しては治癒ではなく寛解（remission）という表現が用いられます（コメント欄参照）．糖尿病の寛解を目指した研究はいくつかありますが有名な研究の一つであるDiRECT試験を紹介したいと思います．

要旨

本試験は糖尿病の寛解を目指し，スコットランドとイギリスで行われた非盲検試験である．体重管理介入群とコントロール群に無作為に割り当てられ，20-65歳，病歴6年以内，BMI 27-45kg/m^2，かつインスリン非投与の2型糖尿病が対象とされています．

介入群は糖尿病薬，降圧薬は中止され，体重管理を目的とした食事療法（825-853kcal）・運動療法等から構成されるプログラムに参加しました．糖尿病寛解の定義は少なくとも糖尿病薬を中止2カ月後にHbA1c 6.5%未満と定義されています．

最終的には149名の介入群，149名のコントロール群で解析が行われました．開始12か月後には介入群の36名(24%)が15kg以上の体重減少を記録したのに対してコントロール群では0名でした．平均の体重減少は介入群で10.0 ± 8.0kg，コントロール群で1.0 ± 3.7kgでした．糖尿病の寛解は介入群では46%（68人）であったのに対して，コントロール群では4%（6名）でした（p<0.0001）．

寛解の程度は体重減少の程度によって異なり，全体で体重増加が認められた76名のうち寛解は0名，0-5kg減量した89名のうち6名（7%）が寛解，5-10kg減量した56名のうち19名（34%）が寛解，10-15kg減量した28名のうち16名（57%）が寛解，15kg以上の減量に成功した36名のうち31名（86%）が寛解しました．また，QOLを評価した尺度は介入群で有意に改善していました．

本試験において介入群の約半数が12か月後に糖尿病の寛解を得た．糖尿病の寛解はプライマリ・ケアにおいて目標とされる．

コメント

糖尿病寛解の条件は現時点で米国糖尿病学会などは，『薬物療法の実施なく3カ月以上HbA1c 6.5%未満を維持する』としている（詳細は各学会のHPを参照）．本試験において介入群において46%が糖尿病の寛解を得たという結果は驚くべき結果であり，糖尿病治療において早期の介入がいかに重要であるかも示唆される．しかしながら，介入群において約25%の中断があったというのは見逃せない事実である．またリアルワールドの日常診療において1年間で10kgの体重減少を指導することは比較的困難であり，著者らも本文で触れているが同様のことがわれわれアジア人に当てはまるとも限らない（本試験のベースライン時，介入群の平均体重は101.0 ± 16.7kg）．アジア人は欧米人と比較してBMIが小さく，インスリン分泌能が低い人種であることも考慮する必要があり，アジア人における減量による糖尿病寛解のエビデンスが待たれるところである．

Journal Club

軽度認知障害患者が運動や認知機能に応じたトレーニング（計算や記憶力，注意力トレーニングなど）を行うことで，認知機能障害の進行を遅らすことができるのか？

大村 早葵子，岡田 悟

東京北医療センター　総合診療科

Zijun Xu, Wen Sun, Dexing Zhang. Comparative effectiveness of interventions for global cognition in patients with mild cognitive impairment: a systematic review and network meta-analysis of randomized controlled trials. Front Aging Neurosci. 2021; 13: 653340.　PMID: 34220484

75 歳以上の高齢者における軽度認知障害（以降 MCI と表記する）の発症率は少なくとも 1,000 人年あたり 22.5 人であることが示されている．MCI 患者は認知症発症の高リスク群であり，高齢者の認知機能低下を遅らせることは，高齢化が進行している現在の老年医療の優先事項となっている．しかし，MCI 患者の認知機能に対する介入の効果を包括的に比較した研究はない．そのさまざまな介入の効果を評価するためにネットワークメタ解析が行われた．

要旨

方法：50 歳以上の MCI 患者に対して運動や言語や視覚記憶トレーニング，実行機能訓練や注意力や計算などのトレーニングといった認知機能に応じたトレーニングを行った場合，通常のケアが行われた場合と比較して MMSE がどうなるかを，2020 年 6 月までに発表された MCI 患者を対象にしたランダム比較試験のネットワークメタ解析で検証した．

結果：50 件の RCT，計 5944 人の MCI 患者が組み入れられ解析された．検討された各介入での MMSE はコントロール群と比べ，認知機能に応じたトレーニングでは MD　0.80 (95％ CI 0.04-1.57)，運動では MD 1.92(95％ CI 1.19-2.64)，それらの併用では MD 1.86（95％ CI 0.60-3.12），抗酸化物質内服では MD 0.94(95%CI 0.04-1.83) と優れていた．直接比較と間接比較の間に差はなかった．その他の介入に関しては有意差がなかった．またサブグループ解析では 6 か月以上効果が持続する介入は運動のみだった．

結論：認知機能に応じたトレーニング，運動，それらの併用といった介入が，MCI を持つ高齢者の認知機能障害の進行予防に効果的である可能性が示唆された．しかし，介入を選択する際には，介入の可用性，受容性，および費用対効果も考慮する必要がある

コメント

認知症の進行予防を目的とした薬物療法の研究を目にしたことがある人は多いと思うが，非薬物療法の効果の比較を目にしたことがある人は少ないと感じる．自分もデイサービスや通所リハビリテーションの利用といったサービスの利用を勧めはするものの，実臨床で認知機能障害の進行予防という視点で非薬物療法を行う機会はほぼなかった．

この論文では運動や，言語や視覚記憶トレーニング，実行機能訓練や注意力や計算などのトレーニングといった非薬物療法や抗酸化物質の内服を行うことで軽度認知障害のある患者の認知機能低下を予防する効果があるとされている．抗酸化物質に関しては研究によって使用薬物が違い（甘草エキス，ラベンダーエキス，ビタミン剤など様々）一概にどれが効果があるとも言えなかった．また，非薬物療法に関してもグループワークや連想ゲームの実施などは外来などの時間に行うことハードルが高く，実臨床で最も簡便かつ効果的なのは研究の中でも効果時間の長かった運動を勧めるのがよさそうだ．具体的な方法については認知症予防のために各自治体などが作成したパンフレットなど（例えば，https://www.pref.oita.jp/uploaded/attachment/199591.pdf）を渡すことができれば，なお良いだろう．

Journal Club

COVID-19におけるPCRのCt値とウイルス分離

岡田 博史

松下記念病院　総合診療科

① La Scola B, Le Bideau M , Andreani J, et al. Viral RNA load as determined by cell culture as a management tool for discharge of SARS-CoV-2 patients from infectious disease wards. Eur J Clin Microbiol Infect Dis. 2020 Jun; 39(6):1059-1061.

② Min-Chul Kim, Chunguang Cui, Kyeong-Ryeol Shin, et al. Duration of culturable SARS-CoV-2 in hospitalized patients with Covid-19. N Engl J Med. 2021 Feb 18; 384(7):671-673.

みなさん，こんにちは．2022年2月現在，オミクロン株によるCOVID-19感染が猛威を振るっております．当初は軽症が多く重症化しにくいとの印象でしたが，感染の流行に従い高齢者の重症例，特に誤嚥性肺炎や尿路感染症などの併発症を伴うケースが多く散見されています．このような中，PCR陽性のアフターコロナの扱いも大きな問題となっております．つまり，数週間前にCOVID-19に感染し隔離解除されたが別治療目的の入院前PCRが陽性というケースです．再感染の可能性も残るだけにこのような症例に対して対応に苦慮することもあります．そこで今回はCt値とウイルス培養を報告したReportを2編紹介したいと思います．

要旨

① フランスからの報告

155人の陽性者から183の検体を採取しPCRのCt値とウイルス培養の関係を検討した．183検体中129検体でウイルスが分離された．PCRのCt値が13-17の検体はすべてウイルスが分離された．Ct値33では12%が培養陽性となり，Ct値34以上ではウイルスの分離は認めなかった．また，PCRは発症後20日目まで陽性となったが8日目以降ではウイルスは分離されなかった．

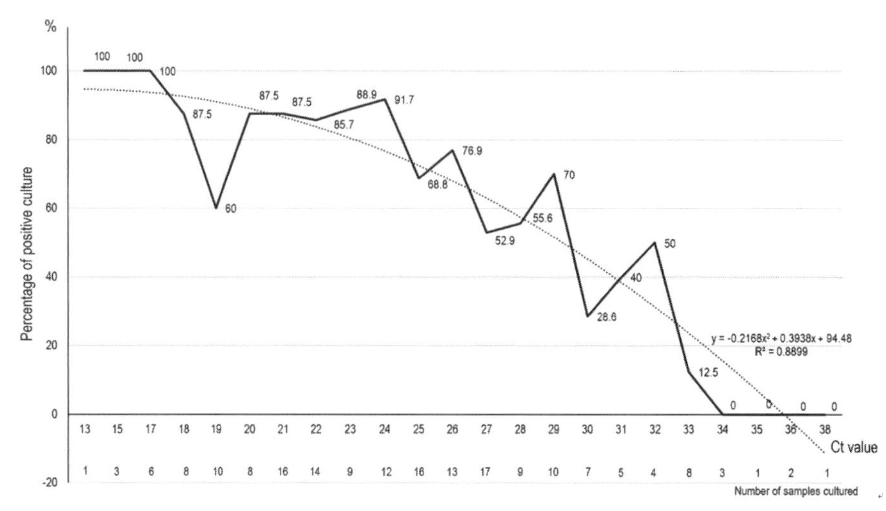

Percentage of positive viral culture of SARS-CoV- 2 PCR-positive nasopharyngeal samples from Covid- 19 patients, according to Ct value (plain line). The dashed curve indicates the polynomial regression curve

② 韓国からの報告

中央値62歳の21名（男性16名）に入院後2日間隔でPCRとウイルス培養を行った．71%の患者が肺炎を併発しており，38%に酸素投与を行っていた．合計89サンプル中29サンプルでウイルスが分離された．ウイルスクリアランスの中央値は発症後7日であった．培養の陽性率は発症からの時間とともに低下したが，発症から12日経過したケースでもウイルスが分離された症例が存在した．また培養陽性はCt値28.4以下のみで認めた．

コメント

PCRのCt値の設定は各国によって異なります．わが国ではCt値40以上を陰性としていますが，他国では30や35と設定している国もあります．実際Ct値は30以上で感染性が低いことが報告されているものの30以上でもウイルスが分離されたとの報告もあり，解釈には注意が必要です．Ct値のカットオフ値を低めに設定すれば不要な隔離は減りますが，感染性のある陽性者の隔離解除は高齢者施設等でクラスターを引き起こすリスクを高めることになりかねません．当院ではアフターコロナ患者の入院に関しては無症状再感染の可能性も念頭にCt値だけでなく，時には抗体価や抗原定量検査なども併用して個別に評価しています．

Journal Club

マクロライドが気管支喘息に本当に有効かどうか：システマティックレビュー

光本 貴一，岡田 悟

東京北医療センター　総合診療科

Undela K, Goldsmith L, Kew KM, et al. Macrolides versus placebo for chronic asthma. Cochrane Database Syst Rev. 2021 Nov 22; 11 (11) PMID: 34807989

気管支喘息は一般人口の1%から18%に影響を与えると推定されている．重症の気管支喘息には吸入ステロイド（ICS）に加えて長時間作用型β刺激薬（LABA）などで治療されるが難治であることは変わりない．

マクロライドは抗菌作用に加えて抗炎症作用があり，その2つの作用で喘息の症状を改善することが示唆されている．マクロライドが気管支喘息に本当に有効かどうかシステマティックレビューを用いて検討がされた．

内容の要旨

方法：気管支喘息の小児と成人に対してマクロライドを4週間以上内服した場合，入院を必要とする発作，重症発作（ER受診または全身ステロイド投与，またはその両方を必要とする増悪），症状スケール，喘息コントロール指標（ACQ），喘息の質生活アンケート（AQLQ），1日あたりのレスキューの使用回数，朝と夕の最大呼気量，1秒間の強制呼気量，気道過敏性，および経口コルチコステロイド用量がプラセボと比較してどの程度改善するのかを2021年3月までのCochrane Airways Group Specialized Registerを用いてシステマティックレビューで検証した．

結果：25件のランダム化比較試験，計1973人の気管支喘息患者が組み入れられ，GRADEアプローチとで解析された．マクロライド投与群はプラセボ群と比較して，入院を必要とする発作が減少（odds比0.47, 95% CI 0.20-1.12; 研究 = 2, 参加者 = 529; 中程度の確実性）し，重症発作も減少した（rate比0.65, 95% CI 0.53-0.80; 研究 = 4, 参加者 = 640; 中程度の確実性）．その他の結果に関しては患者と介入の非一貫性や不精確さが原因でエビデンスの質が低いと判断された．

結論：マクロライドは重度の気管支喘息を持つ人々の発作を減らすことができるが，患者と介入の非一貫性，不精確さ，出版バイアスのためにエビデンスの質が担保されているとは言い難い．今後の研究で効果がすべての重症喘息のタイプで持続するかどうか，生物学的製剤との比較，治療中止後も効果が持続するかどうかの検証が必要である．

コメント

吸入ステロイドとLABAを使用してもコントロールが難しい気管支喘息の治療法としては生物学的製剤があるが，価格面も考慮するとハードルが高いように感じていた．本システマティックレビューではマクロライドの投与量と投与頻度が異なる，喘息の重症度が異なる参加者が含まれている，発作の報告および増悪と重症度の定義は研究によって異なっている，というバイアスがある．Gibson 2017（Lancet. 2017;390:659-668. PMID 28687413）の患者数が圧倒的に多いため，全体の結果はこの研究が大きく牽引しているものの，非一貫性を考慮しなければマクロライド使用で救急外来受診あるいは全身ステロイド投与を減らす可能性があることがわかった．したがって，Gibson2017の研究からはICS/LABA併用にも関わらず喘息発作をおこして救急外来受診あるいは全身ステロイド投与が必要となっている18歳以上の喘息患者には，アジスロマイシン500mg週3日の48週間投与で救急外来受診あるいは全身ステロイド投与が減らせるかもしれない．実際の使用例としては生物学的製剤を使う前の選択肢として，TPOを考慮しつつ喘息発作を起こせないような重要なライフイベントを控えている患者に対して有効かもしれない．

Journal Club

医療従事者に内在する無意識のバイアス：系統的レビュー

西岡 大輔

大阪医科薬科大学医学研究支援センター医療統計室　講師
南丹市国民健康保険美山林健センター診療所　所長

FitzGerald, C., Hurst, S. Implicit bias in healthcare professionals: a systematic review. BMC Med Ethics. 2017; 18:19. https://doi.org/10.1186/s12910-017-0179-8

内容の要旨

背景：医療機関はすでに社会的に不利な状況にある患者を対象としており，患者をより不利な状況へと貶める“corrosive disadvantage”が発生しうる．そのような場で働く医療従事者には無意識の差別“Implicit bias”が内在する．本研究では無意識の差別の程度や対象，診療行為への影響を明らかにすることを目的とした．

方法：系統的レビュー．種々のデータベース等から42編の論文を抽出して，無意識の差別の対象となる患者像やそのような患者への医療ケアの質をレビューした．

結果：17編の論文がImplicit Association Test尺度を用いて，医療従事者の無意識の差別を評価していた．35編の論文が医療従事者における無意識の差別の存在を明確にした．無意識の差別の程度とケアの質との間に負の相関があった．問題となりやすい属性には，人種や民族，性別，社会経済的地位，年齢，精神疾患，体重，AIDS患者，麻薬使用者，障害，社会環境などがあった．

結論：医療従事者には，ケアの質に影響を及ぼす無意識の差別が内在しており，医療ケアの格差をもたらす．無意識の差別への対応が求められる．

コメント

本研究と関連して，医療従事者には，ある困難を抱えやすい人々やある属性をもつ人々に対するスティグマの発生源になることも知られていました．スティグマは人々の自己肯定感や社会活動を減少させるきっかけを作り，医療へのアクセスを妨げてしまうため，もしそれが私たちによって生まれるのであれば，私たち医療従事者は社会的な背景要因による健康格差に寄与してしまっているかもしれません．私たちに内在している無意識の差別に自覚的になり，目の前の人の理解に努めることが重要だと改めて感じました．

Journal Club

ネットゼロのヘルスケアへ　臨床医への呼びかけ

佐々木 隆史

こうせい駅前診療所

Jodi DS, McGain F,Lem M, et al. Net zero healthcare: a call for clinician action
BMJ. 2021; 374:n1323. https://www.bmj.com/content/374/bmj.n1323

４つの主な提言

① 疾病の発生率と重症度を下げ，必要なケアの量と強度を減らすよう努めなければならない
② 適切なケアを行い，不必要な検査や治療を避けることにより，資源の利用を最適化する
③ サービスの重複を避け，移動に伴う排気ガスや不必要な建物の使用を減らすために，異なる医療機関間のケアを調整する必要がある
④ 個人の臨床行動，医療機関での仕組みつくり，ガイドラインや政策への貢献を通じて，変化を促すべきである

Planetary healthcare：

Planetary healthcare とは，「first do no harm」の原則の視野を広げて考えます．臨床医は，患者個人へのケアだけでなく，世代を超えて健康と幸福をもたらす地球の自然システムを保護する義務も負います．生態系の変化と人間の健康，そして人類が存在し続けることには決定的な関係があります．

臨床医は，医療が有限な資源を消費し，有害な汚染をもたらすことを認識しましょう．環境資源を管理することが，私たちの基本的なケアに不可欠であることを理解しましょう．他の産業と同様，気候変動が健康と福祉にもたらす最も悲惨な結果を避けるために，医療も温室効果ガスの排出を迅速かつ大幅に削減しなければなりません．

ネット・ゼロ・エミッションの達成，すなわち自然および人工的な吸収手段と釣り合うまで炭素排出量を削減するためには，医療提供の効率と環境パフォーマンスを最適化することが必要です．しかし，それだけでは十分ではありません．私たちは，疾病の発生率と重症度を下げ，必要なケアの量と強度を減らす努力もしなければなりません．さらに，適切なケアを保証し，不必要な検査や治療を避けることによって，医療サービスの供給をその必要性に合わせなければなりません．このようにして，絶対的な排出量を削減する一方で，医療へのアクセスを拡大し，医療汚染による害とコストを軽減することで，環境と人の健康の両立を実現することができます．

コメント

温室効果ガス対策先進国イギリスでの論文ですので，ヘルスケア分野では野放しの日本と比べて，実現への本気度が全く違います．イギリス NHS では，2040 年に医療業界でも CO_2 ネットゼロを目指して，現実的なプランを打ち出して実施しています．プライマリ・ケアでの実臨床では，不必要な薬剤処方を減らすこと，吸入器では噴霧式をドライパウダー式に変えることより，大きな温室効果ガス排出削減となります．また，患者・職員の移動による温室効果ガス排出も多くなっています．ただ，入院と外来では一人当たりの温室効果ガス排出量が 10 倍程度違うので，入院を避けるように，外来でしっかりケアをすることも温室効果ガス排出抑制の大きな手段です．

● 医療行為からの温室効果ガス排出を減らす

介入分野	個人の活動	医療機関で実施	専門家の政策提案
グリーンインフラとオペレーション	ペーパレス 電気や消耗品の最適化 リサイクル	建築の最適化 自然採光 医療機器の適切使用 健康的な食事，再利用可能な容器，ごみの管理 化石燃料からの変更	医療機関による温室効果ガスおよびその他の排出量の報告の義務化，標準化，削減目標および期限，公開の透明性 断熱建築基準
多職種連携とバーチャルケア	バーチャルでのケア 学際的なケア 自宅近くでのケア	学際的，統合的医療 ICT サポート	統合的な情報共有の財政サポート バーチャルの安全サポート
サプライチェーン	低炭素なモノを使用する 適切な感染コントロールで使い捨てを減らす	環境に配慮した契約方針を作る リサイクルプログラム エビデンスにも続く感染予防・管理 単回使用基準	低炭素処理を支援する専門家の指導と促進 単一使用機器の必要性をメーカーが示す 医療汚染による公衆衛生への害を考慮した感染管理規制と専門家ガイドラインの改訂
脱炭素移動	自転車，低炭素な移動を患者と職員に	電気自動車の契約 電気自動車使用へのサポート	大規模な再生可能エネルギーの導入 安全なサイクリングと歩行者のためのインフラ作り 自転車・自動車シェアリングシステム 確固たる公共交通システム

● 医療行為の重要と供給を最適化する

介入分野	個人の活動	医療機関で実施	専門家の政策提案
適切な医療ケアと医療資源調整	Shared decision making と患者教育 ベイズ的意思決定 非薬物療法や非侵襲的治療の選択肢を最大化する 包括的かつ継続的な資源節約努力 終末期の受け入れと緩和ケアの最適化	個人の意思決定を支援，体制構築 多職種連携の技術的支援，体制構築 低価値の医療や医療技術の採用を中止するためのプロトコル コストと排出量に関する品質改善フィードバック	安易な適応拡大を予防する政策 低価値の医療や医療技術の脱採用を促進するためのインセンティブ 排出量の報告
プライマリや地域でのケア	プライマリへの生涯継続的なアクセスを確保 在宅でのケアへシフト	遠隔や virtual など在宅ケアの拡大 急性期，慢性期，地域ケアのコミュニケーション発展支援	プライマリ・ケア提供者の報酬改善と労働力不足の解消 普遍的な医療の確立

● 医療行為の必要性を減らす

介入分野	個人の活動	医療機関で実施	専門家の政策提案
SDH の視点	地域のセイフティーネットに患者をつなげる 社会的処方，自然療法	地域の人とセイフティーネットを作る 食事や移動の安心を担保する 無保険・低保険のための無料・低コストの医療体制	低家賃や移動費を抑えるセイフティーネットを行政とともに促進する 食料を得やすくする 気候変動への緩和と復元力をつける
ヘルスプロモーション，予防医療，慢性疾患管理	健康的な食事，運動，ストレス軽減などの促進 統合的な治療法の処方 社会的・自然的処方 暴力スクリーニング 予防医療，カウンセリング 個人中心のケアによるケアにおける積極的なパートナーとしての患者のエンパワーメント．	健康的な食事の選択肢を提供する 予防サービスのための資源の割り当て 主要疾病のリスクグループの特定と標的化 慢性・進行性疾患の早期診断と介入 二次・三次予防 職員の健康と福祉を促進する	健康増進と予防サービスに対する医療専門家の公正な報酬 健康と福祉を促進する都市インフラ整備 不健康な行動を抑制するための税制 感染症の予防と管理 空気の清浄化基準 暑さおよび大気質指標に関する警告 低炭素型介護を支援する専門的な指導・促進策

第18回ジェネラリスト教育コンソーシアム「ジェネラリスト×気候変動」付録

これだけでOK！
理解を深める用語集

作成者　　梶　有貴

気候変動の基本

気候変動（Climate Change）／地球温暖化（Global Warming）

人間の活動が直接的または間接的にひき起こした，数十年にわたる気温の変化とそれを原因としたさまざまな天候変化のことを**気候変動**，人間活動より地球気温が上昇していることを**地球温暖化**という．

地球温暖化の影響として，海水温の熱膨張や氷河・氷床の融解に伴う**海面上昇**，蒸発と降雨のサイクル（**水循環：water cycle**）が活発となることによる降水量・降水パターンの変化（洪水・渇水・干ばつ），対流圏や成層圏などでの大気の変化，これらの気候変動の適応ができないことによる**生物多様性の損失**を起こす．ドイツのNPOが発行しているGlobal Climate Risk Indexのラインキングで気候変動の影響を受けている国のラインキングで日本は2018年1位，2019年4位となっている．

これらの変化により，暑熱による死亡リスク，呼吸器疾患の増悪のリスク，感染症の発生地域や季節性の変化，災害の発生等により，医療に甚大な影響を与える（下図）．

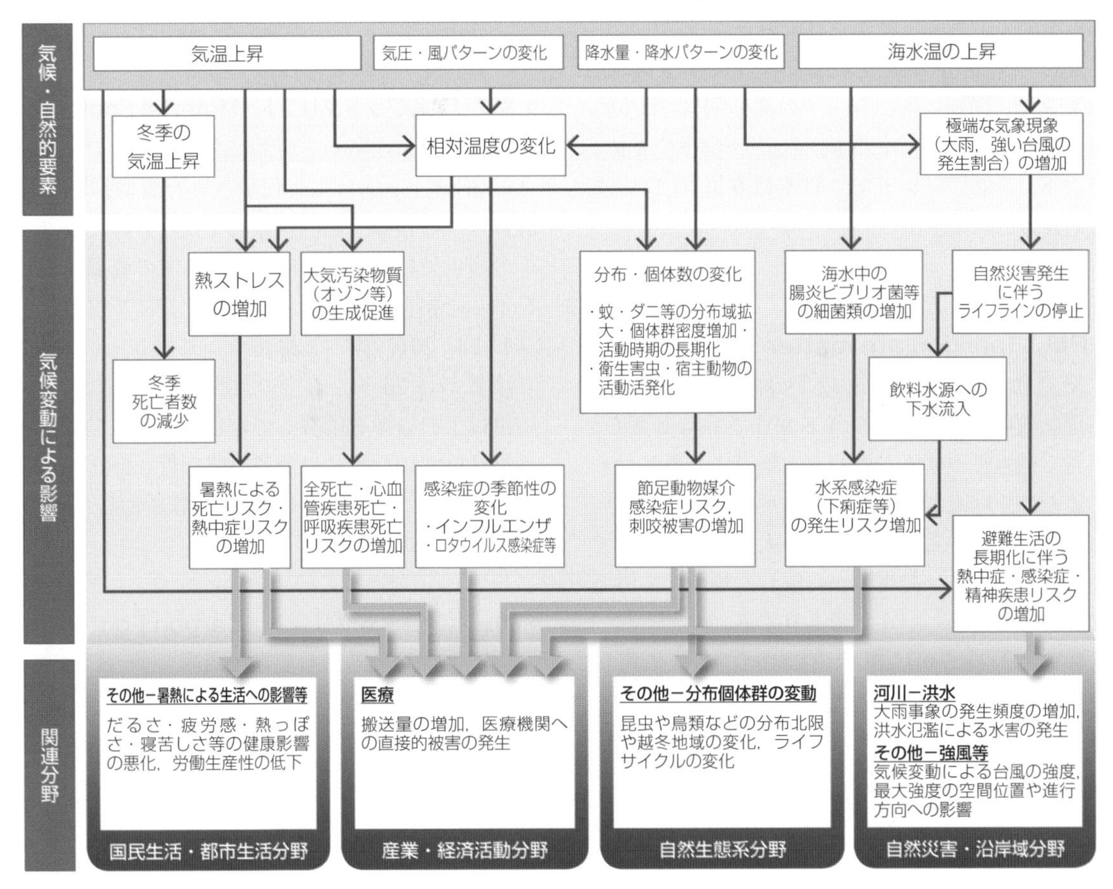

橋爪真弘　保健医療科学　2020　Vol.69 No.5 p.403－411より引用

温室効果ガス（Greenhouse Gas: GHG）

地球温暖化の原因とされている気体．CO_2 が最も多く 76% を占めるが，CO_2 だけではなく，**メタン**や**一酸化二窒素**（N_2O），**ハイドロフルオロカーボン**（HFC），SF_6 などもこれに含まれる．

N_2O は今後 100 年の温暖化において CO_2 の 265 倍寄与すると言われており，医療界では歯科および小児の全身麻酔で使われる笑気ガスの成分として知られている．HFC は温暖化に CO_2 の数百倍～4000 倍寄与するとされ，医療界では加圧式定量噴霧吸入器（pressurized metered-dose inhaler: pMDI）の中に使用されている．SF_6 は大気中への寿命が 3200 年と極めて長いことから CO_2 の 23500 倍温暖化に寄与すると言われており，医療界では粒子線治療における加速器の絶縁用の充填ガスとして使用されている．

2018 年の世界の温室効果ガスの排出量は 553 億トンで，国別の排出シェアの高い国は，1 位：中国，2 位：アメリカ，3 位：EU 欧州連合，4 位：インド，5 位：ロシアで，**日本は 6 位**（EU をまとめなければ 5 位）

$PM_{2.5}$（particulate matter 2.5）

空気動力学径 2.5 μm 以下の微量粒子状大気汚染物質のこと．粒子サイズが小さいことから，気管を通過しやすく，肺胞など気道より奥に付着するため，呼吸器系や循環器系への影響が大きいと考えられている．また，長く大気中を浮遊していられるために，発生源から離れた場所でも汚染の影響を受けるという特徴も有する．

WHO は 2016 年に環境中の $PM_{2.5}$ への暴露によって引き起こされた呼吸器・循環器疾患・がんは，約 420 万人の早期死亡（人口の平均年齢以前に発生した死亡）の原因となっていると試算されている．また，G20 のうちの 19 カ国の消費から排出される $PM_{2.5}$ は年間 200 万人の早期死亡を引き起こしていると推定され，その影響の多くは発展途上国が被っている．

カーボンニュートラル（Carbon Neutral）

経済活動等により生じる CO_2 排出量を実質的にゼロにすることを目指す方針．排出量自体の削減と CO_2 回収量の増加により達成が目指される．パリ協定の 1.5℃目標（後述）のときに語られる**ネットゼロ**（**Net-Zero**）※ **Net** ＝正味」はこの言葉とほぼ同義とされている．なお，排出量を回収量が上回った状態は**カーボンネガティブ**と呼ばれ，2020 年にマイクロソフト社が目指すことを宣言している．

マテリアルフットプリント（Material Footprint）

資源採掘の段階から製品になる段階までの足跡（footprint）を辿って，使用された資源採掘量で計算される指標．国内に輸入・投入された段階からの指標ではなく，国内外を含めての資源採掘量を示した指標である．日本のマテリアルフットプリントは 2017 年では 33 億トンになり，1 人当たり換算では 26 トンとなり，世界平均（12 トン）の倍以上の資源を消費している．マテリアルフットプリントの計算には産業連関分析（input-output analysis）という手法によって計算される．

カーボンフットプリント（Carbon Footprint）

資源採掘の段階から生産の段階，さらに流通・使用や維持，廃棄・リサイクルの段階といったフロー全体で排出される温室効果ガスの排出量を CO_2 換算にした指標．

気候変動に関する取組み・枠組み

SDGs（Sustainable Development Goals　持続可能な開発目標）

2015年9月の国連サミットで採択されたもので，正式には「Transforming Our World: the 2030 Agenda for Sustainable Development（我々の世界を変革する：持続可能な開発のための2030アジェンダ）」という文書として採択されたもの．この中に記された以下の17の目標が有名．

17の目標の中に，医療に関するものは「**3. すべての人に健康と福祉を**」，気候変動に関するものは「**13. 気候変動に具体的な対策を**」であるが，「6. 安全な水とトイレを世界中に」「14. 海の豊かさを守ろう」「15. 陸の豊かさも守ろう」「12. つくる責任，つかう責任」も関連が強い．

プラネタリー・バウンダリーズ（Planetary Boundaries）

2009年にヨハン・ロックストームによって提唱された，地球の環境負荷が許容できる限界点を定義したもの．その限界を超えた場合，地球環境に不可逆な変化が急激に起きる可能性があり，人類の安定的存続を脅かすと警告している．9つの環境領域の管理が重要と指摘しており，これらはSDGsの内容にも採用された．

9つの領域とは，①気候変動，②生物多様性の損失，③栄養塩（窒素とリン）負荷，④海洋酸性化，⑤土地利用変化，⑥淡水利用，⑦成層圏オゾン層，⑧大気中エアロゾル（$PM_{2.5}$）濃度，⑨新規化学物質の環境放出，となる．このうち，②生物多様性の損失と③栄養塩負荷は既に限界を超えており，①気候変動と⑤土地利用変化も限界値に近いと言われている．

国連気候変動枠組条約（United Nations Framework Convention on Climate Change：UNFCCC）

1992年の環境と開発に関する国際連合会議（UNCED）で採択された，地球温暖化対策の世界的な枠組みを定める条約．1994年に発効され，日本は1993年に批准している．この条約に署名した国家間の会議のことを**COP（締約国会議）**と呼称する．

京都議定書（Kyoto Protocol）

1997年のUNFCCC-COP3で採択された国際条約で，初めて具体的なCO_2排出削減義務が定められた．先進国を対象に，2008年から2012年まで（第一約束期間）の排出量削減義務を定めた．さまざまな要因から第二約束期間の交渉がまとまらず，代わりにパリ協定が結ばれた．

パリ協定（Paris Agreement）

2015年のUNFCCC-COP21で採択された国際枠組み．「**産業革命以前と比較した世界平均気温の上昇を2℃十分に下回る水準に抑え，1.5℃に抑えるように努める**」ことが合意された．京都議定書と異なる点として，すべての参加国に排出削減義務が求められたこと，また排出削減の目標を自主的に設定する方式が採用されたことが挙げられる．日本では**2030年までに2013年度比で46%削減，2050年までにネットゼロを宣言している**．

気候変動に関する政府間パネル(Intergovernmental Panel on Climate Change: IPCC)

1998年に世界気象機関（WMO）と国連環境計画（UNEP）により設立された，国連が招集した195の加盟政府と数千人の第一線の科学者・専門家からなるパネル．気候変動やその影響・対策について，世界中の論文を基に科学的な見地から評価を行なっており，数年ごとに作成される評価報告書は，各国・各国間の気候変動対策の“根拠（エビデンス）”として用いられる．

IPCC第6次評価報告書

最新のIPCCからの報告書．2021年8月に第1作業部会報告書（自然科学的根拠）が公表され，人間が気候を温暖化させてきたことは「疑う余地がない」と言い切り，さまざまなシナリオに沿って温室効果ガス排出抑制しても1.5℃に達し，最悪のシナリオ(SSP5-8.5)では2100年までに5.7℃上昇するとの見通しを示したことで話題となった．2022年2月28日に第2作業部会報告書（影響・適応・脆弱性）が公表．2022年4月4日に第3作業部会報告書（気候変動の緩和）が公表された．

炭素税（Carbon Tax）

CO_2排出量に応じて課税される税金．課税対象としては燃料の流通業者，電力会社，電力利用者の3者が考えられる．日本では地球温暖化対策税が2012年に導入され，化石燃料の販売者に対して課税されている．

環境問題に関係する医学用語

プラネタリーヘルス（Planetary Health）

2015年にロックフェラー財団と医学誌Lancetから発表された概念で，「人類の未来を形作る政治，経済，社会などの人間システムと，人類が繁栄できる安全な環境限界を定義する地球の自然システムに賢明に配慮することで，世界的に達成可能な最高水準の健康，福祉，公平性を達成すること」と定義される．Lancetから2017年4月にオープンアクセスジャーナルの「Lancet Planetary Health」が創刊されている．

プラネタリーヘルスダイエット（Planetary Health Diet）

食事としてとられるウシやブタの飼育や排出の処理によって大量の資源が投入され，CO_2も作られることが知られている（生産に当たるCO_2排出量は大豆を1とすると，鶏肉は7，牛肉は60．牛肉1kgを生産するには，飼料用穀物が11kg，1万5400ℓの水が必要）．非営利のスタートアップ“EAT”と医学誌Lancet誌による委員会EAT-Lancet Commissionではプラネタリーバウンダリー（上記）内で健康的な食事をとる“プラネタリーヘルスダイエット”を提唱しており，人間と地球の双方に健康的な食事を提案している．

ワンヘルス（One health）

人間社会と自然生態系の健康をひとくくりのものとする考え方．人間社会による自然破壊の結果，動物由来の感染症が増加したことから特に重要視されている．薬剤耐性菌（AMR），鳥インフルエンザ，SARSの問題などが有名．

薬剤耐性（Antimicrobial Resistance :AMR）

生物が自身に対して何らかの作用を持った薬剤に対して抵抗性を持ち，これらの薬剤が効かないあるいは聞きにくくなる現象のこと．

近年，抗菌薬が効かない薬剤耐性菌が世界中で増えていることが問題視されている．これは抗菌薬が使用されることで，抗菌薬の効く菌は死滅する一方，薬剤耐性をもった細菌が生き残り，体内で増殖し，ヒトや動物，環境を通じて世間に広がっていくことが機序とされる．不適切あるいは不必要な抗菌薬使用が原因となっている．抗菌薬は人間だけではなく，畜産業，水産業，農業など幅広い分野で用いられていることからワンヘルスのアプローチで考える問題．

2013年薬剤耐性菌に起因する死亡者数は低く見積もって70万人とされ，何も対策を講じない場合，2050年には世界で1000万人の死亡が想定され，がんによる死亡者数を超えると報告されている．

健康格差

地域や社会経済状況の違いによる集団における健康状態の差と定義される．健康格差は，個人の努力では容易に変えることのできない，所得や学歴，仕事，居住地，性別，国籍／人種など，様々な健康に影響を及ぼす社会的要因（**健康の社会的決定要因：Social Determinants of Health：SDH**）により生じる．

現在，世界の国別の平均寿命には約40年の格差が存在する．日本でも都道府県間で男女とも3年弱の健康寿命の格差が存在することが示されている．

高齢者医療

高齢者に対する医療．若年者と比べて，①急性疾患以外にも多くの疾患を有する（**多疾患併存：multimorbidity**），②症状や経過が非典型的なことが多い，③症状や治療に対する反応性の個人差が大きい，④せん妄や不隠など精神・神経症状が出現しやすい，⑤恒常性維持機構（電解質・内分泌など）の破綻がおきやすい，⑥薬物の副作用が起きやすい，⑦急性疾患に引き続き合併症が出現しやすい，⑧急性疾患でも障害を残り慢性化しやすい，⑨社会的状況によって予後が左右されやすい，という特徴を持つ．

ポリファーマシー（Polypharmacy）

定まった定義はないものの必要以上に多くの薬剤が処方されている状態のことを指す．欧米の論文では5剤以上，日本の論文では6剤以上の薬を使用している状態を指すことが多い．内服薬剤の種類が5種類以上になると，脆弱性，機能障害，認知機能，転倒ならびに死亡や薬剤有害事象と関連することが報告されている．

Choosing Wisely キャンペーン

不要な検査や治療，手技について，医師と患者の対話を促進してゆくこと．文字通り医療資源の“賢い選択”を奨めるための活動である．各専門学会からそれぞれの分野で考えなおした方がよいと考える診療行為をそのエビデンスと共にリストアップした“Top Five List”が提唱されており，この推奨を臨床現場に普及・実装していく活動が行われている．

ジェネラリスト教育実践報告 投稿論文募集
(Generalist Education Practice Report)

「ジェネラリスト教育コンソーシアム」(Chairman 徳田安春先生)は,2011 年に発足以来,年 2 回の研究会と 2 冊の Mook 版を刊行して,その成果を公表するともに,医学教育への提言を行ってきました.
http://kai-shorin.co.jp/product/igakukyouiku_index.html

このたび,本 Mook 版の誌面の一層の充実を図るために,「ジェネラリスト教育実践報告」の投稿を募ります.

投稿規程

・ジェネラリスト教育および活動に関する独創的な研究および症例報告の論文を募ります.
・本誌編集委員会による校閲を行い,掲載の採否を決定します.
・編集委員のコメント付きで掲載します.
・本誌掲載論文は、医中誌および科学技術振興機構(JST)の「J-GLOBAL」に収載されます.
・掲載は無料です.
・見本原稿は下記の URL からご覧ください.
　https://drive.google.com/open?id=1Vj8deM_NLlxQ-ClGtHDGBvbuZ5arr3Ou).
・本誌編集委員会の選考により,掲載論文の中から毎年「ベスト・ペーパー賞」1 論文を選びます.

下記のようにお書きください.
・題名:実践報告の特徴を示す題名をお書きください(英文タイトル付き)
・著者名(英文付き)
・ご所属(英文付き)
・Recommendation:ジェネラリストの教育および活動への提言を箇条書きで 3 点ほどお書きください.
・和文要旨:400 字以内(英文要旨 200 words 付き)
・Key Words:日本語とその英語を 5 語以内
・本文:3000 字以内.見出しを起こし,その後に本文をお書きください.
・引用文献:著者名,題名,雑誌名,年号,始めのページ - 終わりのページ.
・図表は:1 点を 400 字に換算し,合計字数の 3,000 字に含めてください.
・本文は Word file,図表はＰＰＴ file でご寄稿ください.
・引用,転載について:他文献からの引用・転載は,出典を明記し,元文献の発行元の許可を得てください.著作権に抵触しないように,そのままの図表ではなく,読者が理解しやすいように改変されることが望まれます.その場合も出典は明記してください.

投稿論文の寄稿先:株式会社　カイ書林　E-Mail: generalist@kai-shorin.co.jp

ジェネラリスト教育コンソーシアム vol.17
ジェネラリスト×気候変動
臨床医は地球規模の Sustainability にどう貢献するのか？

発　　行　2022年7月22日　第1版第1刷©
編　　集　梶　有貴
　　　　　長崎一哉
発 行 人　尾島　茂
発 行 所　〒337-0033　埼玉県さいたま市見沼区御蔵1444-1
電話　048-797-8782　FAX　048-797-8942　e-mail：generalist@kai-shorin.co.jp
HPアドレス　http://kai-shorin.co.jp
ISBN　978-4-904865-63-7　C3047
定価は裏表紙に表示

印刷製本　小宮山印刷工業株式会社

ジェネラリスト教育コンソーシアム

Vol.1
提言―日本の高齢者医療
編集：藤沼 康樹
2012年　B5　160ページ
ISBN978-4-906842-00-1
定価：3,600円+税

Vol.2
提言―日本のポリファーマシー
編集：徳田 安春
2012年　B5　200ページ
ISBN978-4-906842-01-8
定価：3,600円+税

Vol.3
提言―日本のコモンディジーズ
編集：横林 賢一
2013年　B5　170ページ
ISBN978-4-906842-02-5
定価：3,600円+税

Vol.4
総合診療医に求められる医療マネジメント能力
編集：小西 竜太，藤沼 康樹
2013年　B5　190ページ
ISBN978-4-906842-03-2
定価：3,600円+税

Vol.5
Choosing wisely in Japan ―Less is More
編集：徳田 安春
2014年　B5　201ページ
ISBN978-4-906842-04-9
定価：3,600円+税

Vol.6
入院適応を考えると日本の医療が見えてくる
編集：松下 達彦，藤沼 康樹，横林 賢一
2014年　B5　157ページ
ISBN978-4-906842-05-6
定価：3,600円+税

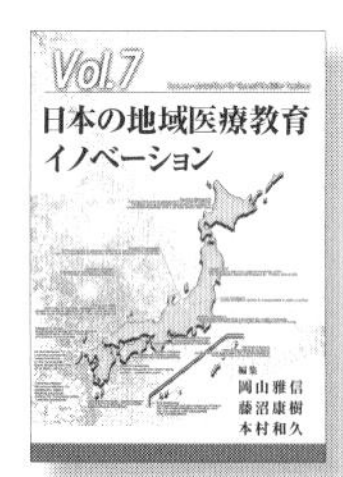

Vol.7
地域医療教育イノベーション
編集：岡山 雅信，藤沼 康樹，本村 和久
2015年　B5　158ページ
ISBN978-4-906842-06-3
定価：3,600円+税

Vol.8
大都市の総合診療
編集：藤沼 康樹
2015年　B5　191ページ
ISBN978-4-906842-07-0
定価：3,600円+税

Vol.9
日本の高価値医療 High Value Care in Japan
編集：徳田 安春
2016年　B5　219ページ
ISBN978-4-906842-08-7
定価：3,600円+税

Vol.10
社会疫学と総合診療
編集：横林 賢一，イチロー カワチ
2018年　B5　142ページ
ISBN　978-4-904865-33-0
定価：3,600円+税

Vol.11
病院総合医教育の最先端
編集：大西弘高，藤沼康樹
2018年　B5　178ページ
ISBN978-4-906845-39-2
定価：3,600円+税

Vol.12
日常臨床に潜む hidden curriculum
編集：梶有貴，徳田安春
2019年　B5　188ページ
ISBN978-4-906845-45-3
定価：3,600円+税

Vol.13
診断エラーに立ち向かうには

編集：綿貫 聡，藤沼 康樹
2019年　B5　168ページ
ISBN978-4-906845-47-7
定価：3,600円+税

Vol.14
ジェネラリスト× AI 来たる時代への備え

編集：沖山 翔，梶 有貴
2020年　B5　254ページ
ISBN978-4-906845-53-8
定価：3,600円+税

Vol.15
ケアの移行と統合の可能性を探る

編著：石丸 裕康，木村 琢磨
2020年　B5　244ページ
ISBN978-4-904865-56-9
定価：3,600円+税

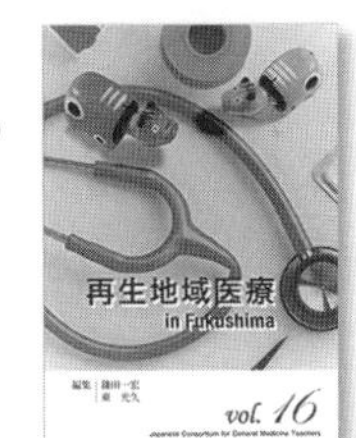

Vol.16
再生地域医療 in Fukushima

編集：鎌田 一宏，東 光久
2022年　B5　147ページ
ISBN978-4-906842-60-6
定価：2,500円+税

Vol.17
ジェネラリスト×気候変動
臨床医は地球規模のSustainabilityに どう貢献するのか？

編著：梶　有貴
　　　長崎一哉

定価：2,500円（+税）
ISBN　978-4-904865-63-7　C3047
2022年7月30日　第1版第1刷 147ページ

目次

Kai SHORIN

ジェネラリスト教育コンソーシアム事務局 ㈱カイ書林
〒337-0033 埼玉県さいたま市見沼区御蔵1444-1
電話 048-797-8782　FAX 048-797-8942
e-mail：generalist@kai-shorin.co.jp